地下空间开发及利用

[日]小泉 淳 编

胡连荣 译

中国建筑工业出版社

著作权合同登记图字：01-2012-0910号

图书在版编目（CIP）数据

地下空间开发及利用/（日）小泉　淳编；胡连荣译.—北京：
中国建筑工业出版社，2012.8
ISBN 978-7-112-14383-2

Ⅰ.①地…　Ⅱ.①小…②胡…　Ⅲ.①地下建筑物–开发②地下
建筑物–资源利用　Ⅳ.①TU9

中国版本图书馆CIP数据核字（2012）第108905号

原　著：地下利用学（初版出版：2009年10月）
编　者：小泉　淳
出版社：技报堂出版
本书由日本技报堂出版授权翻译出版

责任编辑：刘文昕　刘婷婷
责任设计：赵明霞
责任校对：刘梦然　赵　颖

地下空间开发及利用

[日]小泉　淳　编

胡连荣　译

*
中国建筑工业出版社出版、发行（北京西郊百万庄）
各地新华书店、建筑书店经销
华鲁印联（北京）科贸有限公司制版
北京中科印刷有限公司印刷
*
开本：880×1230毫米　1/32　印张：8⅜　字数：323千字
2012年11月第一版　2012年11月第一次印刷
定价：36.00元
ISBN 978-7-112-14383-2
　　　　（22413）

前　言

　　用一本书来展开这个话题远非一个人所能完成，所以，最初接到做本书执笔的委托时曾想推辞。但是，今后社会资本的整备、城市的再生等都离不开对地下空间的有效利用，今天将这一体系事先归纳成一本书适逢其时。十几年前，早稻田大学理工综合研究中心曾将其作为一个科研项目，召集了6家建筑公司共同实施"关于有效利用大深度地下空间的调查研究"这一课题，参加该研究课题的公司共同担当本书的执笔。在此后5年当中，以委员会形式定期召集大家深入探讨，经过反复议论，本书终于付梓出版。

　　对有效利用地下空间的关注在泡沫经济那几年一度达到鼎盛时期，出版了很多相关书籍，各种梦寐以求的规划、设想成了热门话题。泡沫破裂之后，尽管2000年3月出台了"关于公益性使用大深度地下空间的特别措置法"，却未涉及具体的发展方向，同时，随着日本经济的低迷甚至取消公共事业投资等呼声的出现，对地下空间利用的热议便悄无声息地从人们的谈资中消失了。而最近推出的"外环道路"规划，又推高了前面有关应用的话题。

　　进入21世纪，抓紧社会资本的储备及其维持、管理、扩充、补强，社会转入了一个大幅更新的时代，对城市再生的需求日趋高涨。与此同时，又必须充分考虑城市的景观、环境问题。在确保景观与环境的前提下谋求城市的再生，就不得不有效开发、利用地下空间，再进一步，通过对地下空间的有效利用，还可以改善城市的社会环境、生活环境，恢复自然环境也需要将其积极地纳入日程。

　　承担本书的执笔时，首先在分析"少子化老龄社会"和"可再生社会"中怎样整合社会资本、城市应有的理想形态等问题的基础上，就开发利用地下空间的形式、方法等展开了深入讨论，达成共识后做了分工，由我负责执笔。

本书除序以外还包括 4 章内容，序中着重讲述利用地下空间的目的和本书的特色，第 1 章是地下空间利用的历史和背景；第 2 章论述地下的特性及相关的利用形态；第 3 章针对开发地下空间需要哪些技术，从计划、调查、设计、分析、施工技术几个方面作了详细阐述；第 4 章是对地下空间利用的设想，首先在地下空间利用的社会资本整备方面，从财政、政治、公认的概念等观点出发描述将要面对的各种课题、趋势，然后记述了对地下空间的设计，开发地下空间应该包括哪些工程项目、相关技术及其具体的推进步骤等方面的设想，取得社会性认同的方式等内容。

关于有效利用地下空间所需的硬件、软件技术，本书并非以教科书形式展现给读者，而是从导入地下空间设计的新概念入手，就具体步骤以及届时将面临的课题等在实际利用中渐次展开。为了实现对极具魅力的地下空间的利用，本书可以提供重要参考，与以往有关地下空间利用的同类书籍相比，我们深信本书具有其独到的一面。

今后，对地下空间开展有效利用之时，从规划到实现，从实现到维护、管理，每一阶段的实际工作，都将体现出本书所发挥的作用，这是作者诚挚的期待。最后，对各位执笔者忙里偷闲对本书所给予的协助，值此表示由衷感谢！

早稻田大学理工学院

教授　小泉　淳

2009 年 10 月

目　录

序章　为了开创魅力生活 ……………………………………　1

第1章　地下空间利用的历史和背景 …………………　8

1.1　地下空间利用的历史 ………………………………　8
1.2　地下空间利用的历史沿革 …………………………10

第2章　地下的特性与利用形态 ………………………24

2.1　地下的特性 …………………………………………24
　2.1.1　地下空间的特性 ………………………………24
　2.1.2　地下设施的物理特征 …………………………25
　（1）设置场所 ………………………………………25
　（2）空间隔离 ………………………………………25
　（3）保存 ……………………………………………28
　2.1.3　从地下空间利用的现状看特性 ………………29
　（1）国内利用现状 …………………………………29
　（2）国外利用现状 …………………………………30
　（3）国内外地下利用的区别 ………………………32
2.2　地下空间的分类 ……………………………………33
　（1）按位置、场所分类 ……………………………33
　（2）按使用目的分类 ………………………………33
　（3）按施工方法分类 ………………………………33

（4）按空间形状分类·················34
（5）利用深度·················35
2.3 地下设施利用实例及地下特性 ·················35
2.3.1 地下设施用途及计划上需要注意的事项···35
（1）设施的用途·················36
（2）作计划时的注意事项·················36
2.3.2 地下设施介绍·················39
（1）大型地下空间利用工程·················39
（2）直接供市民利用的设施·················43
（3）设在地下的生活基础设施·················48
（4）发挥地下空间特性的特殊设施·················51
（5）设施共用的实例·················52

第3章 地下空间开发的技术·················55

3.1 计划与调查 ·················55
3.1.1 地下空间利用基本计划的编制·················55
（1）基本构想·················55
（2）地下空间的开发计划·················58
3.1.2 地下空间利用的调查·················61
（1）调查概要·················61
（2）布局条件调查·················62
（3）障碍物体调查·················64
（4）地质调查·················65
（5）施工管理调查、环保调查·················69
3.1.3 初步设计和施工计划·················71
（1）地下空间利用的初步设计·················71
（2）地下构筑物的施工计划·················71
3.2 设计、解析技术·················77
3.2.1 地下空间利用与设计·················77

目　录

（1）设计思路·····································77
（2）地下构筑物的种类及其设计方法概要·······78
3.2.2　地下构筑物及其设计方法···············80
（1）设计中的"不确定性"及其评估···········80
（2）允许应力强度设计法·····················80
（3）临界状态设计法·························81
（4）山地隧道设计法·························82
3.2.3　地下构筑物及其解析方法···············86
（1）地下构筑物的设计流程···················86
（2）荷载与结构的关系·······················88
（3）依照结构形式的解析模态·················89
3.3　地下空间构筑技术···························92
3.3.1　线状构筑物···························92
（1）盾构工法·······························92
（2）山地工法·······························108
（3）开凿工法·······························114
（4）推进工法·······························114
3.3.2　平面构筑物···························118
3.3.3　纵向成洞构筑物·······················118
（1）沉箱工法·······························118
（2）小型竖井工法···························119
3.3.4　其他构筑物（球状及穹顶状构筑物）·····119
3.3.5　周边关联技术·························121
（1）地基改良技术···························121
（2）挖掘渣土倒运技术·······················122
3.4　维护技术·································122
3.4.1　地下构筑物现状·······················124
（1）地下构筑物建设的变迁···················124
（2）地下构筑物的完好性···················125
3.4.2　调查技术·····························127

（1）构筑物及其周边环境的异常……………………… 127

（2）调查方法……………………………………………… 129

（3）监控系统实例………………………………………… 131

3.4.3　诊断技术…………………………………………… 132

3.4.4　更新技术…………………………………………… 134

（1）修补…………………………………………………… 134

（2）补强…………………………………………………… 135

（3）拆除、重新构筑……………………………………… 137

3.4.5　管理技术…………………………………………… 138

（1）有关维护的信息管理………………………………… 138

（2）构筑物内部设备及其安全管理……………………… 139

3.4.6　今后的维护工作…………………………………… 140

第4章　地下空间利用的未来展望 ………………142

4.1　围绕社会资本整备的环境变化 ……………………… 143

4.1.1　入口减少与少子化、老龄化的加剧……………… 143

4.1.2　地区差别的扩大…………………………………… 144

4.1.3　地球环境制约的表面化…………………………… 147

4.1.4　严酷的公共财政形势……………………………… 148

4.1.5　东亚经济的兴起…………………………………… 151

4.2　地下空间利用的未来模式 …………………………… 152

4.2.1　地下空间利用的基本概念………………………… 153

4.2.2　地下空间利用有待解决的课题…………………… 153

（1）有关心理、行为特性方面的相关课题……………… 154

（2）有关安全性的课题…………………………………… 155

（3）与经济性、事业性相关的课题……………………… 156

（4）有关对环境影响的课题……………………………… 157

4.3　与地下空间利用相关的政府动向 …………………… 159

4.3.1　社会资本整备的整体动向………………………… 159

（1）社会资本整备的重点规划·························· 159

（2）支撑"双重大经济圈"的综合交通体系（国土

形成规划）····································· 161

4.3.2　有关城市、区域再生的趋向·················· 163

（1）城市再生特别措置法························· 163

（2）区域再生法································· 164

4.3.3　有关大深度地下空间利用的趋向·············· 164

（1）有关大深度地下空间公益性利用的特别措置法······· 164

（2）大深度地下空间应用技术指南及其解说·········· 165

（3）大深度地下空间利用相关技术开发展望·········· 166

（4）其他大深度地下空间利用相关的手册、指南类······· 168

4.4　未来地下空间利用的工程项目 ··················· 170

4.4.1　把已经利用地下空间的城市作为据点·········· 170

（1）城市小型化的基本理念······················ 170

（2）有效利用地下空间的城市据点的整备············ 172

4.4.2　高速交通体系的构筑······················· 174

（1）利用地下的公路网·························· 174

（2）利用地下的铁路网·························· 184

4.4.3　与环境关联设施的整备····················· 192

（1）包括废弃物运输在内的基础设施网络············ 192

（2）利用地下空间的垃圾处理场·················· 192

（3）放射性废弃物的地下处理···················· 193

（4）解决自行车存放问题的机械化地下存车处········· 197

（5）临水环境的地下河川、地下通道··············· 199

4.5　地下空间设计与技术前瞻····················· 201

4.5.1　地下空间设计思路························· 201

（1）宏伟构想与"地下宏伟构想"·················· 202

（2）寿命周期设计（Life Cycle Design）············ 204

4.5.2　更具实效而且使用安全的技术················ 209

（1）内部空间设计技术·························· 209

（2）内部环境技术 …………………………………………… 213

（3）换气技术 ………………………………………………… 213

（4）防灾系统 ………………………………………………… 218

（5）移动、物流技术 ………………………………………… 219

4.5.3　合理开创环境友好技术 …………………………… 219

（1）盾构隧道设计技术的高端发展 ……………………… 219

（2）构筑物大深度化的应对措施 ………………………… 219

（3）构筑物的调查、量测技术 …………………………… 226

（4）地下环境的事先影响评估 …………………………… 228

（5）公用的合理化设施计划 ……………………………… 232

（6）ITS 在地下道路中的应用 …………………………… 234

4.5.4　对项目作确切评估以利于推进的技术 …………… 236

（1）项目的经济性评估 …………………………………… 236

（2）寿命周期成本评估 …………………………………… 238

（3）项目的事业性评估 …………………………………… 240

4.6　为了实现富于魅力的地下空间利用 ………………… 243

4.6.1　对事业公平公正的评估 …………………………… 244

4.6.2　有关各方协调体制的组建与强化 ………………… 245

4.6.3　资金调配、使用的新方案 ………………………… 246

4.6.4　社会性认同的形成 ………………………………… 250

4.6.5　结束语——为了实现富于魅力的地下空间利用 …… 251

小贴士

1　燧石 …………………………………………………………… 22

2　深藏地下的车站 …………………………………………… 42

3　地下空间的特性 …………………………………………… 48

4　什么是城市规划审议会 …………………………………… 57

5　国家预算（一般会计）设立流程 ………………………… 60

6　设计的深度 ………………………………………………… 79

7　功能和性能 ………………………………………………… 85

目 录

8　地上土地利用及其整合 …………………………………… 91

9　刀盘面板 ………………………………………………… 107

10　既然如此还能说取缔公共事业吗? ……………………… 150

11　就是这么快! ……………………………………………… 178

12　当前高速公路已计划得很充分了吗? …………………… 183

13　修高架路还是地下路? …………………………………… 188

14　铁路职工多年的梦想就要实现了!? ……………………… 191

15　螺旋状隧道能支撑洞室!? ………………………………… 196

16　高速公路地下化的前景如何? …………………………… 200

17　与现实接近到什么程度? ………………………………… 212

18　靠土壤净化大气? ………………………………………… 217

19　官民协同型城建的推进……………………………………… 247

20　以民间 NPO 为主的事业费负担方式 …………………… 249

序章　为了开创魅力生活

开创魅力生活
——以丰富、安全、舒适的生活环境为目标

1990 年前后的泡沫经济大潮崩溃之后，迎来了 21 世纪，接着，"人口减少"、"老龄化社会到来"、"全球面临环境问题"、"严酷的公共事业财政问题"纷纷表面化，日本的经济陷入漫长的低成长期。这几年，大体上完成了社会资本的整备，尽管一再强调社会福祉的必要性，可是不必再投资公共事业的呼声占据了舆论上风，已形成一股风潮。

确实，日本社会基础的整备已追平欧美国家，甚至已将其超越。烘托着城市风貌的日本环境已达到欧美的水平，与他们一样舒适安逸的生活环境，我们不是也正在切身感受吗。

兵库县阪神大地震、新潟县的中越地震，夺取了很多宝贵的生命，经年累月营造的社会基础设施瞬间被瓦解，最近几年有 10 个以上的台风在日本列岛登陆，各地都蒙受了重大损失，给我国的国民经济造成了严重影响。而城市部分突如其来的局部强降雨更容易造成洪灾。我国是多火山国家，火山喷发也对辛辛苦苦构筑起来的社会基础设施带来沉重打击，严重影响当地居民的生活。

对于这些难以预测的自然灾害我们要随时做好足够的心理准备，积极应对。从政府角度就是在社会基础设施的整备上，也本着这一观点给予深刻的统筹兼顾。21 世纪的社会基础设施整备要有一个从量到质的飞跃，希望丰实而安心悠闲的生活环境早日实现。

　　从战后的高速增长期到 1980 年代，随着人口的增加、物价的上涨、经济的增长、地价的飙升等，人们普遍怀着这样一种错觉：这些恐怕永远无法改变了。城市部分写字楼、工厂等生产型场所集中的地方可称其为"职"，就业者居住地集中的场所不妨称其为"住"，两者渐行渐远，都市圈便随之扩展壮大。如 1980 年代"综合土地对策纲要"（1988 年）所揭示的那样，在土地有效利用、充分利用上的需求增加，地上空间的持续开发推高了城市里地价的飙升，于是，给海洋、宇宙乃至地下这类新领域的开发带来了机遇。尤其地下，以政府为首的各机关就大深度地下空间利用的未来设想纷纷做出提案，提案的发表也正处在这个时期。

　　这种形势带入了 1990 年代，支撑高速增长的日本经济开始显现出阴影，"土地上的神话"破灭，泡沫经济崩溃，顿时陷入了长期停滞。所有以土地增值为前提的资产开始向旨在有效利用的资产转换，同时，以制造业为中心，生产基地纷纷向人工费低廉的国外转移，追随 IT 业飞速普及的产业，其软件化的进程日新月异。最近，经济的回暖值得期冀，城里林立的高层大厦，正在托起二次开发的热潮。随着人口老龄化和晚婚化的深入，那些手头宽松的人们又开始返回城里，催生了"职住接近"的现象。

　　景气的大幅回升尚遥不可待的今天，社会基础设施整备方面的考量已经看到多种变化，即，在这方面的投资正大幅减少，开始从追求"建新"的那个时代转向对现有的社会基础设施"守成"的时代，一种维护管理、修修补补以及加固翻新的时代。在这样的时代背景下，人们为了营造更丰足、安全而又悠闲舒心地过日子的生活环境，殷切期待着讲实效、重质量的社会基础设施。

　　在居住着众多人口的城市里，已成型的城市功能日渐陈旧，很难与时代合拍。而人们对城市功能的要求日趋多样化，如果对现状置之不顾，那么不远的将来城市寿命将终结。城市的破旧立新是当务之急，要给后世开创一种可持续发展的城市功能，而与泡沫经济不同的是，要站在生活在这里的人们的立场上，去追求城市的再生。有效发挥地下空间的特殊性，将地上不需要的设施移至地下，地上哪怕是人工的，但毕竟为自然环境所环绕，理应为创造安全舒适的生活环境所利用。

为了让"都市再生"卓有成效地推行下去，对地下空间的宏伟构想尤为重要，不过，地上地下必须紧密联系起来。面对不久将来的东海地震、东南海地震、南海地震这些大地震的悬念，以及面临台风、暴雨等强烈自然灾害的城市，要把便于维护管理、修修补补以及加固翻新的可持续性放到工作首位，地上、地下空间的科学合理设计是基本保证。

与生活密切相关的地下空间的利用
——昨天、今天、明天的城市建设

如前所述，对日本而言 21 世纪是背负着少子化、老龄化、全球性环境问题以及严峻的财政形势等一系列重大课题的世纪。其中，为国民开创丰足、安全而又悠闲、舒心地过日子的生活环境，就要切实有效地整备社会基础设施。为了把一个生活殷实的社会留给子孙后代，本世纪头十年对社会基础设施的整备就显得格外重要，可以毫不夸张地说，这是在为后世培育社会活力，是对 20 世纪之前我们苦心经营起来的国际竞争力的巩固与强化。尤其今后城市部分的城建事业的进展，地上空间要不断开创更便于人们生活的环境，抱着同样目的，对地下空间的有效利用也应该作为基本理念重视起来。

回顾从原始社会到当今时代对地下空间利用的发展历程，不难发现地下利用的意义、目的都是随着时代的社会状况、经济状况不断变化的。在史前时代及后来有文字记载时代的初期，人类往往以天然洞穴作为防御自然环境威胁，躲避敌害攻击的手段，同时又作为贮藏粮食等物品的仓库。古代出现了国家以后，作为权利的象征开始大规模修筑陵墓，以及与生活密切相关的水渠、下水道等社会基础设施。道路、桥梁、运河，作战用的隧道、宗教地下设施等社会基础设施的整备相继取得进展，矿山开发也日趋兴盛起来。中世纪尚未出现显赫的地下工程，但是，受战争等破坏的城市反复兴废，人们只有构筑地下避难设施才能免遭迫害。

从文艺复兴时期到近代，附加了艺术性的，诸如景观类的城市规划发展了起来，与此相应，地下空间的利用开始受到青睐，近代的供水、下水道的建设，输水暗渠、地铁等的出现都始于这一时期。比如巴黎的城市下水管道、墓地等无关景观的设施都有计划地安置到地下进行，大大提高了生活的便捷性。日本在江户时代，环绕诸侯封地的集镇、附近的城市里也出现了供水设施、输水暗渠，还有用于治水、排水隧道等整备工程。

到了19世纪以后，对地下掘进技术作了更新，作为社会基础设施整备的一环加大了地下空间利用的力度，这期间，诸贝尔发明的黄色炸药以及蒸汽机、燃气机乃至电动机的出现，带来了建设的机械化，大幅提高了施工效率，接连涌现出山区铁路、公路隧道、发电变电设施、能源设施，城市里开通了地铁、防灾、环保设施、各种储运设施和运动、娱乐等设施，军事基地、避难用的防空洞等地下工程陆续投入使用。

在日本也是通过明治、大正、昭和几个时代，引进欧美现代技术，有力推进了铁路、公路、供水、下水道、农业灌渠及发电设施等工程建设，为强国政策奠定了坚实基础。战后，基于国土综合开发规划，对社会基础设施进行大规模整备完善，通过交通、能源设施、上下水管道等供水关联设施的建设，谋求在方便国民生活方面的大幅提升。

最近，火车站周边的地下街、地下停车场等改善城市功能的设施，地下河道、雨水贮槽、城市防灾设施等越来越多，地下变电所、垃圾焚化场、污水处理场等保护地面景观、环境，确保民众安全的设施也陆续投入使用，有效利用城市地下空间，积极发挥地下的独特性都蕴含着更多的机遇。

2001年，为了从政策上推动土地的有效利用，政府出台了"大深度地下空间公益性利用的特别措置法"，即"大深度法"，公示了利用城市地下空间的基本方案。以此为契机，大大提高了对民营地下施工技术及地下开发工程的认识。作为一种全球性趋势，今后的环保课题世界各地都要全力以赴，在这一课题上地下蕴含着有效施展作为的空间。

从历史角度看这些地下利用的状态可分为，受形势所迫必然去利用地下的时代；出于军事需要或城市国家依经营上的需要有意识地利用地下的时代；还有将其作为城市景观或国家权威象征却又不便公诸于世的设施而移至地下的时代，到今天迎来了地上地下兼顾、有计划又注重效率的地下利用时代。

本书的构成及特色内容

本书从置身于城市规划、结构设计、建筑施工等技术人员执行各项业务的立场出发，把地下开发、地下空间利用工程的进展当中必须掌握的手续、方法及技术，按"地下利用学"归纳成一个系列。同时，本书还明确了从事开发、利用地下空间的人们所面对的课题，并就其解决措施提出方向性指导。

第1章，讲述地下空间利用的历史及其背景。人类早在史前就有利用地下空间的生活经历，学会农耕以后开始形成部落生活，为了维持生活的稳定部落之间出现了争斗。于是，地下空间的利用在民生之外又增加了军事用途，一些有实力的部落成立了国家，富庶的国家与周边诸国合并成了更大的国家，为了展示大国的实力，开始了有计划的城市建设工程。围绕矿山经营上的需要地下开发也提上了日程，还有很多出于宗教目的的地下空间的开发利用。第1章对照各时代的不同需求，在利用地下特性、形态上，按时序详述了地下利用的变迁。

第2章，参照现状和相关设施介绍、评论地下空间的特性及利用形式。首先就地下空间的环境特性列举了地下设施所具有的各种特色，并从利用现状上对这些特色作归纳整理，再对地下空间所处位置、场所、用途及其施工方法等从各种角度进行分类。然后，序列化地整理了地下设施的用途和开发计划上须关注的特性。具有代表性地下设施，比如青函海底隧道、东京湾 AQUALINE、神田川地下蓄水池等大型工程；地铁、地下街、地下广场、地下停车场、地下文化设施等与生活空间关联的设施；共用沟、防灾设施等生活基础设施；酒窖、食品贮藏间这类有效利用地下空间特性以及谋求对地下作综合性利用的设施等，都以实例说明了利用现状中所反映出来的特性和性能，并概略介绍了各自特色。另外，还按地下空间的消极利用与积极利用、利用的频度、深度与利用场所等，对各种地下设施分门别类地作了整理。

第3章，就有关地下空间的开发技术，从地下利用基本构想的草案到计划、调查、设计、施工、使用管理，乃至维护的各个阶段都作了详细解说。这一章里值得一提的是，由以往的技术发展到今天的最新技术，直至尚处于研发中的技术，提供了多种技术信息。首先，针对基本计划的制订，列举了地上空间利用计划的草案、决定城市规划的程序，在此基础上详述地下空间利用构想的草案、计划及评估方法。然后，对调查中的现状调查技术和课题、认为具有可行性的调查技术作了深入阐述。在设计和分析上，按结构件类型的不同设计方法、与设计的不确定性相关的允许应力设计法和临界状态设计法在思路上的区别、依照结构形式的解析方法、解析模型等作了概略说明。接下来，按每一种构筑物的类型，举例说明地下空间的各种构筑技术，其中包括最新盾构技术、辅助工法、地基改良技术等。最后，提出地下构筑物的使用管理及维护技术。地下构筑物事后的解体、拆除及重新构筑等需要投入巨额资金和时间，所以，对使用、管理技术及维护方面的调查、诊断、恢复时的施工方法等一系列技术的串联记述是本书的另一大特征。

第4章，涉及对今后地下空间利用构想的未来展望，首先，分析了21世纪初期制约社会资本整备的环境变化，包括从出生率下降和老龄化的现状，城乡差别的扩大，受生态环境的制约，从严酷的财政形势以及东亚经济圈中日本国际竞争力的下滑趋势这些角度，记述了当前必须切实有效地整备社会基础设施，让国民更丰足、安全又悠闲舒心地过日子的现状。

后面接着举例说明社会资本整备中地下空间利用的基本构思，

以及地下空间利用过程中需要克服的难题。尤其在大深度地下利用这一动向上，就相关法律的完备情况和2003年整理的技术开发展望作了补充说明。作为将来工程中较大的方向性问题，比如，对开展了地下利用的城市作为据点加以整备；高速交通体系、地下铁路网的构筑及环境关联设施的整备等，采纳其中的经验，探索工程项目应有的发展方向，并讲解地下空间设计和将来的技术展望。包括地上空间使用的综合性宏伟构想及其地下空间利用的地下设计理念。解释建在地下空间的构筑物的维护、管理及重新构筑相关的寿命周期设计的思路等。对于实现地下空间设计时需要解决的技术性要素，为了从效率、安全、环境负担、合理性及事业性等方面给予确切评估，介绍其硬件技术和软件技术。最后，在实现对魅力地下空间利用的这条路上，要确立超出技术层面的适宜的事业评估，各有关方面要建立相互协同的姿态，还强调了建设所需资金及资金使用上的调配、取得社会性认同等问题的重要性。

为了开创明天更具魅力的新生活，对社会资本确有实效的整备是今后的首要课题。对于可利用空间十分有限的岛国而言，地下空间有非常高的利用价值，实现具有长久魅力的地下利用所面对的技术课题自不待言，社会性、经济性课题等也必须从更广泛范围去解决。通过前述内容组成一部"地下利用学"是本书一大目标。

第1章　地下空间利用的历史和背景

1.1　地下空间利用的历史

　　人类利用地下空间的起点是天然洞穴，如中国周口店的山顶洞、法国的拉斯科洞窟等，这些遗迹可以让我们看到当时人类生活的影子。在史前时代的人类生活中，洞窟可以阻止敌害入侵，也可以理解为从自然灾害（气候变迁、风霜雨雪、火山地震等）中守护生命的安居场所。据说人类在大约1万年前开始在土地上耕种，创造了文明社会。

　　随着这一社会文明的发展，人类对地下空间的利用发生了很大的变化。在以法国为中心的欧洲地区，有先人采掘燧石后留下的坑道遗迹；古埃及人在金字塔里面开凿有石室和隧道，人类利用地下空间的历史概括起来如下：

　　①史前时代、有文字历史时代初期的人类居住在天然洞穴里，利用这些地下空间可以防御自然灾害（气候、天气）的威胁以及来自其他部落的进攻，还可以作为贮藏粮食等物品的手段。此后，从穴居转移到地面建房居住，埃及（国王谷）、中国（殷墟）及日本（横穴式古墓）则作为古代国家王权的象征、隐喻从黄泉地府复活的自信，于是赋予宗教色彩的大型陵墓也转移至地下修筑。

　　到了文明国家阶段，开始注重与人民生活密切相关的社会基础设施的建设，为了让偏远地区的居民也能自由地用水出现了用地下涵洞引水的建筑。

　　②从罗马时代到中世纪，涵洞构筑技术取得了很大进步，开矿、城市（周边集镇）的形成推动了对交通、水渠（罗马）的整

修。欧洲在十字军之后为防御异教徒来犯，把宗教设施移至地下（卡帕多西亚洞窟修道院）。以"地下墓穴"而闻名的罗马时代地下公共墓地就是古代欧洲基督教所代表的宗教感的集中展示。

③在文艺复兴以后的近代，地下空间的利用开始发展到城建（城市规划）领域，比如巴黎，下水道、墓地等有碍观瞻的设施移入了地下等，以与地上空间不同的社会资本配备，有计划地向地下推进，从而大大提高了生活的便利性。

在日本，自江户时代以后随着城市（周边集镇）的建设，水渠（玉川上水等）、道路、航运、治水等都有很大的进步，在诸侯体制的基础上开展城市建设。

④19～20世纪，通过地下掘进技术革新（利用诺贝尔发明的黄色炸药），地下的利用已作为社会基础设施整备的一环形成了一定规模，人们的生活进一步趋向稳定。而蒸汽机的进步，又使得以英国为首的欧洲铁路建设蓬勃发展了起来。

接着，作为民生上的应用，如地铁、道路、发电、能源、防灾、环保、各种仓储、运动、娱乐等设施以及军事基地、避难用防空洞等陆续兴建。在美苏冷战时期，北欧诸国充分利用地质结构特点，在外露于地表的坚固岩盘下面开凿很多防核掩体，并兼做各种民生设施使用。

在日本，通过引进欧美先进技术，从明治、大正时代开始，以增强国力为国策，利用地下空间修筑铁路隧道、地铁、电站及农业灌渠等设施。战后，在国土综合开发计划的基础上，大规模整修社会基础设施，不仅铁路、公路等交通基础设施、发电、能源基础设施，在排水管网等治水方面，火车站周边的地下街、地下停车场等也都高度体现了城市功能，地下贮油罐、地下暗河等城市里的地下空间都得到了有效利用。充分发挥地下特征的设施，以及最近为了保护地上景观、环境，还把很多设施移至地下建设（变电所、垃圾焚烧、污水处理场等）。

如上所述，人类对地下空间的利用很大程度上为历史、社会、政治制度、文明开化的成熟度以及宗教等时代背景所左右，并在利用形势、动机及各种各样的进化上表现出来。虽然古代以"居住、宗教"等方面的需要为主要目的，可是到了人口激增的现代，地下空间的利用已明显多样化。

说到促成当今地下空间利用多样化的历史契机，当首推19世纪兴起的工业革命和黄色炸药的发明。工业革命带动了凿岩机等地下掘进相关技术的飞速发展，黄色炸药则大幅提高了掘进效率，同时，使得人类足迹到达大深度硬质岩层变为可能。促成地下空间利用的另一个契机，可以说还与从古至今从未间断的战争中的军事应用分不开。

1.2 地下空间利用的历史沿革

回顾人类对地下空间利用的历史沿革，可以从利用的背景上大致划分为：①为了克服自然环境条件的利用，②积极发挥自然环境条件的作用并加以利用这两个方面（表1-2-1、表1-2-2）。从原始社会到古代，①的代表性用例比如，将洞穴用于居住，在②的用例上比如，坟墓、地下资源（石材、矿物等）、宗教设施、空间（石窟、洞窟等）、贮藏储备等。将洞穴用于解决居住可以说是地下空间利用的起点，但是，随着人类活动范围的不断扩大以及文明的进步，古代以后就从地下发展到以更舒适的地上居住为主。至于坟墓则伴随着宗教信仰的建立，作为权威权力象征的作用终于随着古代社会一同结束了。在地下资源、宗教设施、贮藏储备方面，其利用方式随时代的更替而演变，到了现代仍然在继续使用。

从古代沿袭下来的以克服自然灾害为目的的水利、防灾设施；以克服地形条件为目的的各种各样的隧道，即使放到现在仍是重要的社会资本。而战争、动乱中出于军事需要的地下空间利用从古至今都一样，从中世纪到近代以农业和工业革命所代表的发达工业的齐头并进促成了人口的激增，加上文化的成熟，使得地下空间利用呈现多元化发展。到了近代，堪称第三种用途的③替代地（地表的替代品）的利用主要表现在城市里，以克服地表的种种限制为目的，地铁、地下街、地下通道等开始兴盛起来。人称"回归地下"

表1-2-1　地下空间利用的历史沿革（年表）[1)、2)、3)]

年代		国　外	日　本	一般事项（时代、文明、文化）
史前	原始	（约50万年前）周口店钟乳洞、北京猿人		
	旧石器	（5万～1.5万年前）穴居生活		
	新石器	竖坑住址 燧石（打火石）矿山		
古代	公元前约2500年	古埃及、吉萨胡夫大金字塔（测量术、石材搬运方法、主体构筑技术）		约公元前3000年：美索不达米亚文明、埃及文明
	约2000年	巴比伦王国、幼发拉底河穿越隧道的建设、全长900m		约公元前2500～2000年：印度文明、黄河文明
	约1300年	巴比伦王国拱形结构的下水管道		
	525年	古希腊、萨摩斯岛水渠涵洞的建设		约公元前800年：希腊文明
中世纪	公元589年		圣德太子、妙见山法轮寺掘有三井。深14尺、上口径3尺	（飞鸟时代）
	1632年		辰巳用水涵洞（现石川县）动工、日本最早的隧道	
	1645年		赤穗水道、城内及集镇埋设石砌暗渠、陶管（根木山隧道）	〈1603～1868年：江户时代〉
	1654年		玉川水道（羽村～大木户间43km）完成	
	1670年		箱根水利工程（灌溉）、1666年动工	
	1681年	首次将火药用于开凿隧道	僧禅海、耶马溪青的洞门（人工发掘步道隧道、全长180m）贯通、1720年动工、过洞收费	
	1750年			
近代	1825年	泰晤士河河底隧道施工中使用世界首例盾构工法		

续表

年代	国外	日本	一般事项（时代、文明、文化）
1852 年	纽约布鲁克林地区暗渠式下水道完工		
1863 年	伦敦的世界第一条地铁通车（蒸汽机车，1890 年改用电力机车）	北海道游乐铝山使用火药爆破岩石	
1867 年	瑞典人诺贝尔发明黄色炸药		
1871 年	连接法国意大利的塞尼山隧道（13km）是阿尔卑斯山的第一条铁路隧道开通，美国纽约约地铁开通	工部省铁系，大阪～神户间铁路工程中的石屋川隧道完工（1870 年动工），长 61m，高 4.6m 的河底隧道，第一条近代铁路隧道	〈1868～1912 年：明治时代〉
1875 年	美国将黄色炸药用于开掘隧道		
近代　1880 年		工部省铁路局，逢坂山隧道（京都～大津间铁路）完工，长 664.8m，是第一条全靠日本技术人员施工的隧道。山形县米泽～福岛县间的栗子隧道完工，长 878m，宽 5.5m，高 3.6m，是明治时代最长的公路隧道	
1884 年		工部省铁路局，柳濑隧道（长滨～敦贺间铁路）完工，长 1352m，试用了黄色炸药和凿岩机及利用发电机的换气设备	
1889 年		琵琶湖疏水第一隧道（长等山隧道，长 2436m）贯通	
1891 年		山阳铁路（现山阳本线），三石～冈山的舟阪隧道（长 1134m）完工，兵库～冈山间全通	
1892 年	波士顿地铁开通		
1893 年		中山道铁路，碓水岭隧道完工，直江津线横川～轻井泽间运营	
1895 年	英国伦敦下水道计划完成，是现代排水系统的先驱。1931 年开始生物处理		

续表

	年代	国外	日本	一般事项（时代、文明、文化）
	1899年		公布要塞地区法。划定要塞地区区域范围，禁止测量拍照等	
	1900年	巴黎地铁一号线开通	三菱地铁一号井（筑丰）首次开凿210m竖井	
	1903年		递信省（日本邮政省旧称 译注），中央东线，世子隧道（465m）完工，大月～初狩野运营，电力机车、空气压缩机等大量使用电力	
	1905年		陆军东京炮兵工厂岩鼻火药制作所开始生产黄色炸药，1906年起产品向向矿山及其他民用领域	
近代	1906年	辛普朗第一铁路隧道（19808m）采用先进的先导巷道施工法完工，贯通了阿尔卑斯山，1922年第二隧道完工		
	1910年	美国采用沉埋隧道施工法完成密歇根·中央铁路隧道		
	1913年		大阪电气轨道（株）生驹山隧道（奈良县）施工现场塌方事故，死20人	〈1912～1926年：大正时代〉
	1914年		大阪电气轨道（株）生驹山隧道（奈良县）完工，是第一条复线宽轨机铁路隧道（全长2388m）	
	1916年		铁道院制定隧道建筑规章	
	1917年		铁道院，房总西线，锯山隧道完工（全长1252m），日本首次使用混凝土管片。日本火药，国内开始生产黄色炸药	
	1919年	西班牙马德里地铁开通	东海道线·新建坂山隧道完工（全长2325m），上越线·棚下隧道工程首次采用重型设导巷式掘进方式，实现了凿削·装碴机械化，使用进口的铲式装料机	

续表

	年代	国外	日本	一般事项（时代、文明、文化）
近代	1920年		铁道院，羽越周转线隧道首次采用盾构机工法掘进，但中途搁浅，盾构机外径7.37m，长3.66m，重88t，圆柱形，1924年4月制造	
	1921年		铁道省施工中的丹那隧道东口302m塌方事故，掩埋33人，救出17人，死16人。东海道线东山隧道完工（全长1865m）	
	1922年	瑞士、意大利国境辛普朗第二铁路隧道完工（全长18232m）		
	1924年		铁道省施工中的丹那隧道西口1509m处塌方事故，16人溺亡	
	1931年		铁道省，清水隧道完工（全长9704m），使用进口机械，铁道省首帚工程，道技术委员会。上越线土合～土樹间，内务省设置关门隧道	〈1926～1989年：昭和时代〉
	1933年		铁道省，东海道本线，丹那隧道导巷贯通	
	1934年		铁道省，东海道本线，丹那隧道完工（全长7804m），大量涌水施工艰难，工程历时16年半。浅草～新桥间636m开通，浅草～新桥间导巷贯通。大银东京地铁（株），东京地铁间～新桥间8km全线贯通	
	1935年	莫斯科地铁开通	铁道省设置关门隧道技术委员会	
	1937年		铁道省仙山隧道完工（全长5361m），创造导洞月掘进209.5m纪录	
	1938年		伊东线，宇佐见隧道完工，首次在衬砌混凝土中使用钢筋。铁道省，朝鲜海峡隧道委员会决定建设本土～朝鲜间海底隧道	

续表

	年代	国外	日本	一般事项（时代、文明、文化）
近代	1939年		东京高速铁路（株）新桥～涩谷间地铁（全长6.5km）全线贯通	
	1942年		铁道省举行关门隧道开通仪式	
	1944年		阿冶川河底隧道完工，首次采用沉埋隧道施工法。公路隧道首次设置换气装置	
	1945年	美国特拉华输水隧道完工，全长136.6km，是当时世界最长的连续隧道	运输通讯省地下建设本部设置地方政府第1（热海市）、第2（岐阜市）、第3（下关市）地下建设部队	
	1947年		运输省开始青函海底隧道的地质调查	
	1955年		中部电力（株），东上田发电厂第4号输水隧道完工，长3644m，首次采用全断面挖掘工法。饭田线大原隧道完工，长5063m，铁路工程首次采用全断面挖掘工法	
	1958年		长3461.4m，其中海底部分780m。顶盖式盾构型首次在日本使用	
	1960年		日本公路公园（由政府出资经营的公办企业 译注）名神高速公路：天王山隧道工程首次使用H槽钢拱鹰架	
	1962年		国铁北陆本线数贺～福井间的北陆隧道开通，长13.87km，使用大型掘进机，后来发展为隧道掘进标准工法。名古屋市营地铁，觉王山隧道完工，上行288m，下行357m。城市隧道工程首次采用盾构工法	
	1964年	美国乔治亚比克湾高速公路海底隧道完工	国铁，东海道新干线・新丹那海底隧道完工，长7958.6m。首都高速公路公园羽田田海底隧道完工，全长300m，中央50m，钢制沉函施工长56m，宽20.1～20.6m，高7.4m	

续表

	年代	国外	日 本	一般事项（时代、文明、文化）
近代	1965年	法国与意大利边境上的当时世界最长勃朗峰公路隧道（11600m）完工		
	1966年		建设省国道13号线·栗子隧道开通，米泽～福岛间东侧2376m，西侧2675m，双线。国铁，上越线·新清水隧道贯通，全长13490m	
	1969年	北京地铁开通（24km）	武藏野线浦和隧道完工，全长184m，首次在铁路工程中采用埃尔塞工法	
	1970年		大阪市北区大阪市营地铁谷町线施工现场发生爆炸事故，死78人，地下煤气管道泄漏燃爆	
	1971年	韩国首尔地铁1号线开通，利用日本技术	国铁山阴新干线六甲山隧道完工，全长16250m。国铁，北海道渡岛支厅甲在吉冈举行青函隧道动工仪式	
	1972年		国铁，北陆线北陆隧道（全长13.8km），发生列车火灾事故，隧道内充满烟，气，死30人，伤714人	
	1973年		水资源开发公团，香川水利·阿赞引水隧道贯通，全长8000m，最长的引水隧道	
	1974年		日本公路公团，中央自动车道·惠那山隧道主巷道开通，全长8489m，是日本最长的公路隧道。国铁，山阳新干线·新关门隧道完工，全长18610m	
	1976年		首都高速公路公团，岸湾线·东京湾海底隧道投入运营，长1035m，是日本最大的沉埋式海底隧道	

续表

	年代	国外	日 本	一般事项（时代、文明、文化）
近代	1979年		建设省、会津线·向山隧道贯通，全部工程 NATM 施工，全长 1045m。全长 22.5km，是世界屈指可数的日本坂隧道。静冈县东名高速公路下行线的日本坂隧道（全长 2045m）重载卡车、轿车等 7 辆连撞，大火蔓延至后续 173 辆	
	1980年	瑞士圣哥达隧道贯通，长 16.3km，最长公路隧道	国铁会津线大户隧道贯通，全长 2838m，全部采用 NATM 工法。静冈火车站黄金地下街发生煤气爆燃火灾事故，死 14 人	
	1981年		日本铁路建设公团，上越新干线中山隧道贯通，全长 14.83km，在山地隧道中继大清水、六甲，长度排第四，在铁路隧道中首次使用 NATM 工法	
	1982年		石油公司在爱媛县菊间町完成日本首个石油储备实验储备设备，储藏量 25000kL。上越新干线中山隧道完工，全长 14.857km，正式采用 NATM 工法。北海道开发局位于纹别市 273 号国道的浮岛隧道贯通，全长 3285m，是日本最长的国道隧道	
	1983年		青函隧道·前导巷道贯通，将本州与北海道两块陆地相连，隧道长 53.8km，海底部分 22.3km，自 1964 年调查巷道动工以来的第 18 年	
	1984年		神户山麓旁通隧道（2.7km）开通，新干线神户隧道地下掘进 15m，岐阜县神冈县水切伦科夫光检测装置（地下 1000m，直径 15.6m，高 16m 的纯水槽）的中微子观测启动	

续表

年代	国外	日本	一般事项（时代、文明、文化）
1987年	多佛尔海峡隧道工程动工，英国的多佛尔连接法国加来（约50km）的海底隧道开挖，是耗资170亿美元的浩大工程	日本石油储备（株）在岩手县久慈市开始建造日本第一个石油储备基地，地下150m，储量175万kL	
1988年		JR北海道连接本州与北海道的轻津海峡线开业，青森县轻津线中小国～北海道江差线木古内间的87km 中包括53.850km的青函隧道，这是世界上最长的海底隧道。东京电力（株）今市发电厂（枥木县今市市）竣工，装机105万kW，是世界上最大级别的地下发电厂	
1989年		首都高速公路公团，世界最大规模的沉埋隧道拖运开始，沉涵长130m，宽40m，高10m，用于多摩川隧道，川崎航路隧道建设工程	〈1989年～：平成时代〉
1990年	多佛尔海峡英法海底铁路隧道工程的服务隧道贯通		
1991年		日本铁路建设公团，世界最大的掘进衬砌并制作完成，具高9.9m，宽10.7m的断面，掘进能力150m³/h，在北陆新干线的秋同隧道工程中使用，但中途搁浅	
1992年		日本铁路公团，北越北线钢立山隧道贯通，总延长米9116.5m，由于大范围膨压效应，中工区（长3326m）难度极大，动工于1973年	
1995年		兵库县南部地震地铁大开始（明挖工法），六甲山隧道等遭灾	

近代

续表

	年代	国外	日本	一般事项（时代、文明、文化）
近代	1996年	英法多佛尔海峡，Channel Tunnel 列车发生火灾，8人负伤	北海道229号一般国道丰滨隧道古平侧坑口附近发生岩盘崩塌事故，通行中的专线大巴和轿车遭灾，死20人，伤1人	
	1997年		高山美术馆（（株）飞弹踏脚石）完工，日本首座等质地下美术馆，等顶直径40m	
	1999年	法国与意大利之间的辛普朗隧道发生火灾事故，死41人（车厢内34人），奥地利陶恩思隧道发生火灾事故，死12人，伤59人	隧道内村砌混凝土剥落事故频发（山阳新干线福冈隧道和北九州隧道，室兰本线礼文滨隧道），福冈地下街因暴雨河川泛滥被淹，大厦地下层死1人	
	2000年	奥地利卡尔登山缆车隧道火灾事故，死155人，隧道长3.3km，平均坡度43%	日本铁路公园，东北新干线岩手一户隧道贯通，长25.81km，是世界最长的陆地内地隧道。东海地方局部暴雨，名古屋市营地铁车站及物道被淹，停运长达2天	
	2002年		日本公路公园，首都圈中央联络线车道（圈夹道）青梅隧道贯通，长2095m，高19m，宽15m，卵圆形双层隧道断面面积230m²	
	2003年	韩国大邱地铁纵火火灾事故，死192人，伤148人		

表1-2-2　地下空间利用的历史背景汇总

背景	用来克服自然灾害	克服自然环境条件的利用		自然环境条件的积极利用							作为替代地加以利用	
目的	克服自然灾害	克服自然环境	克服地形条件	掩藏污物		必然利用		有效应用			克服城市地区地表条件的制约	设定
形态	治水、水利、防灾	洞穴	隧道	坟墓	废弃	地下资源(矿山)	军事	宗教设施空间利用	通信、电气、能源设施	贮藏、储备	地下街	设定
具体事例	灌溉用水、上下水道、地下暗河	居住	公路、铁路	坟墓	垃圾、废弃物、高能放射性废弃物	石材、各种地下资源(金属、石油、天然气等)	地下要塞、易燃品、枪械贮藏、避难所	石窟、洞穴壁画、剧场及其他	电气、煤气、通信器材、地下电站	地下油罐、LNG、地下储气罐	地下街、地下停车场	地铁、道路、地下通道
原始	—	○	—	○	—	—	△	△	—	—	—	—
古代	○	—	△	△	—	△	—	△	—	—	—	—
中世	○	—	○	—	—	△	○	△	—	—	—	—
近代	○	×	○	×	—	○	○	△	○	△	○	○
21世纪的持续性	○	○	○	—	○	○	○	△	○	△	○	○
新时代(发展、衰退的起端)	自然灾害(洪水泛滥)、农业发达、人口激增	天然物资利用、人类活动范围扩大	工业革命、交通工具(电车、汽车)发达	信仰和宗教发达、权威权力象征	人口激增	自然材料利用、工业革命	民族纠纷、战争	信仰和宗教发达、发挥利用地下空间的长处	人口激增、城市化导致地表拥堵、生活多样化	人口激增	人口激增、城市化致地表拥堵、生活多样化	电车发达、城市化导致地表拥堵、生活多样化

的这种地下空间利用的原委就是人类从原始洞穴走了出来，姑且向地表索求主要生活场所，由于近现代地表日趋拥塞，所以，人们又开始考虑到地下去索求更便捷、舒适的生活了。

作为带有近代特征的地下空间利用，有与垃圾、废弃物的处理设施相关的；与通信、电气等能源设施（电气、煤气）相关的利用。现代人类已到达的地下深度和地面上的高度加起来有 10km 左右（图 1-2-1）。随着各种科学技术的发展，我们已经探明了地表

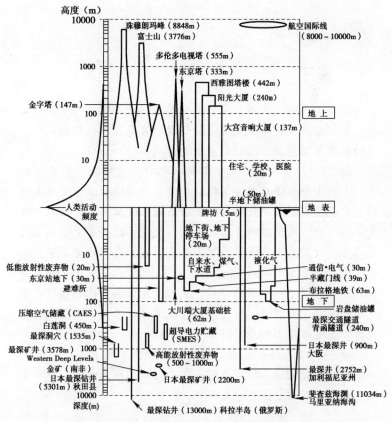

图 1-2-1 人类所及深度及人口空间利用的垂直层次
（据《吉尼斯世界纪录大全》（1988）等整理）

（引自：地下空间利用技术に関する研究小委员会「21 世纪の新しい地下空间に向けて」
土木学会論文集、No. 403、1988.3、pp. 25-35）

及其以上的全部构成（大气、陆地、海洋等）。

人造卫星可以高精度地"观察"大气、地表，可是遗憾的是与其相反另一面的地下构造却留下很多未知部分，还有很多有待揭秘的现象。

如今，人类能以各种形式享受地下的便捷性，其背景离不开黄色炸药所代表的掘进技术和地下开发相关的外围技术的飞速发展，离不开政策的支持以及积极采用这些技术的社会性、时代性背景。地下空间的利用集各项技术之大成，通过连带效应、复合效应发展到今天的水平。

 小贴士 -1

燧石

燧石（也叫打火石）在岩石分类上属于石英（SiO_2）的一种，致密而坚硬，断口呈贝壳状。所谓贝壳状断口即燧石断裂后的断面呈双壳贝内面的扇形或圆形。

约 2.5～3 万年前（处于武木冰期中段的暖期）的石器时代，人们十分珍重那些异常锐利的道具。西欧的江河河床上的砂石中就混有燧石，最初仅仅是收集起来珍藏，不久便无处可觅了。为此，人们在河岸边挖深洞，找到了蕴藏着丰富燧石的砂砾层，这就是人类最早的矿山开发。英国南部的燧石矿是个已变形的椭圆状（4m×3m）竖坑，从地表向下深达 12m，在洞底勉强容得下一个人的空间，采石者卷曲着身体在横洞中像走迷宫一样向前掘进。坑道里发现很多散放着权当尖镐使用的鹿角、当铁锹使用的牛肩胛骨等。

如今，燧石仍作为打火机的火石使用。电视剧《钱形平次》中平次面向犯人时，女掌柜在玄关处"咔赤咔赤"地引火所用的石块应该就是这种燧石吧。

参考资料：地质学团体研究会、地质学事典编辑委员会《地质学事典》平凡社，1983.

参 考 文 献

1) 土木学会：日本土木史　大正元年～昭和 15 年、1965、日本土木史　昭和 41 年～平成 2 年（1966～1990）、1994
2) 地下空間利用技術に関する研究小委員会：21 世紀の新しい地下空間に向けて、土木学会論文集、No. 403、1988.3、pp. 25-35　※リボン型年表
3) 土木学会：トンネルの変状メカニズム、2003.9

第2章　地下的特性与利用形态

2.1　地下的特性

2.1.1　地下空间的特性

地下空间的特性，尤其是地下空间的环境特性对构筑在地下空间里的设施从里到外都有影响。

在对设施内部环境造成的影响方面，首先是地下环境带来的影响，地质条件、地下水的存在等自然条件对构筑物（特别是施工期间）的影响。其次，对来自外部环境的破坏力要有足够的防范措施，比如，防范温度、湿度的变化等气候变动造成的破坏，对地震、海啸、水灾、滑坡等自然现象以及恐怖袭击、战争等人为因素造成破坏后的保护。最后，在对利用者所能提供的服务水准方面，如受设施布局制约的可行性、构筑物里面的使用环境（卫生、舒适性、吸引力及安全性）等变化情况。

在对设施外部环境造成的影响方面，首先是对各种干扰的回避措施，噪声、振动、阻挡视线、与地面交通的分隔规避等。地下构筑物的施工过程中地基的松散、变形会降低周边设施的稳定性及使用性能，以及随之而来的设施管理、运营时的风险的增加。此外还要考虑对自然环境的影响，比如，施工中或日后使用中产生的大气污染、地下水污染、有毒物质污染源的扩散以及对周边景观的影响（也会由此带来改善、缓解）。

以上特性都缘自于对地下环境的考虑。通常，建设构筑物是对地下空间的利用，所以要把这些作为地下设施的特征来把握。

2.1.2　地下设施的物理特征

地下设施开工之前首先要确立使用目的、布局和成本、构筑物所要求的功能以及须遵守的法律、规章上的问题，还有施工之前的日程安排、工程的设计与景观效果等。在研究过这些内容的基础上将其用于工程建设。

地下设施要面对各方面的问题，利用方式、规模都随之发生变化。各种设施着手于地下建筑时需要考虑如下一些潜在因素。

（1）设置场所

地下设施的长处在于地上邻接位置没有剩余空间时，仍可以在现有设施的地下动工修建。电气、煤气及上下水等连接到建筑物上才能发挥作用，市区地面拥挤，地上受很多限制，而地下却有其优势可以发挥。另外，有些受建筑类型约束必须避开市中心的建筑物，在地下却很容易找到容身之地，即使工程成本较高，仍可以发挥地下的优势，选择到市中心的地下去另辟空间。

不过，与地上设施相比，地下会受到更多地质环境的制约，未必都适合地下设施的建设，为此，必须事先做好地质调查，往往需要对地基作必要的改良。特别就日本而言，大城市多处于冲积平原严酷的地质环境条件下。

（2）空间隔离

所谓空间隔离就是将地下空间与地上空间分隔开，地下空间环境通过空间隔离，可突出物理特性上的长处，有关这些特性放在后面章节中考虑。

a）自然环境（气候等）的缓和

i）温度

相比于地面的温度变化（日间变化、年间变化），地下稳定的温度环境具有很多好处，比如，处于寒冷地区可减少构筑物表面热传导的损失，炎热地区可防止建筑物外墙由辐射、传导而传入的热量。这样就减少了空调、采暖所产生的能耗。

不过，在保持温度上也有不利因素，如果不配置空调等高强度通风装置，地下设施自身产生的热量就很难散发出去，尤其盛夏时节，不开空调相对湿度就会增加，很容易结露造成空气潮湿。

ii）严酷的气象条件

地下空间可避开台风、低气压、锋面带来的狂风、暴雨、雷电、冰雹及霜雪等严酷气象条件，具有良好的保护作用。地下设施中可明显感到与外界不同的地方仅限于出入口、通风口和引入采光等这些部位。此外还可以在地面发生洪水的情况下得到有效保护，如果防水措施不到位，地面的洪水涌入就会被淹没。为此，针对地面洪水的防漏设施必不可少。

iii）火灾

地下设施还具备强有力的防火结构，设施周围环绕着不易燃的地基，可以将设施与高温、火焰、浓烟有效隔离开。而出入口、通风口和引入采光等这些部位又最先给人以火灾的警醒。

iv）地震

地下构筑物受地基的约束，一旦地基发生摇动，设施与地基便形成一种整体活动，没有地面建筑物那么明显的振幅。当然，越接近地面越容易受表面波的影响，对摇动的感觉也越明显。所以说它具有较强的抗震结构。

但是，地下构筑物如果确实选在了断层附近，这种布局就值得慎重考虑了。

b）人为环境下的保护

i）噪声

与声音在空气中的传递相比，地基具有更强的隔音效果，在高速公路、机场等附近噪声强烈的地方，这种隔音作用非常重要。但是，与地面的接点、开口部位等噪声仍然很容易传入，对此应给予注意。

ii）振动

地面交通、电车、地铁以及工厂等有很多发生机械振动的振源。另一方面，一些精密机械等又要求场所的安静，如果振源位于地表其振动幅度会潜入地下，但越远离振源受到的影响就越小，而高频振动的衰减更大。

iii）爆炸

地基具有吸收爆炸冲击波、振动能量的能力，而地下浅层的拱形填土还可以显著提高设施的抗压性能。

iv）削减放射性

因原子弹爆炸、核电站燃料棒融毁等将放射性物质向空中扩散后，厚达 1m 的混凝土、地基等可以吸收地表沉积的放射性物质的大部分，这时，地下设施又占据了有利的一条。而开口部位就要设法关闭并尽量减少这些部位的设置。

v）工矿事故

储存有毒物质、易燃易爆品的场所不仅限于军事设施，工矿企业设施也具有这种危险性，而且往往成为恐怖分子的行动目标，地下设施可躲避外面的污染空气，也就成了有效的紧急避难设施。

vi）通信

隔离的地下设施内部与地面建筑不同，很难使用无线网络，很可能断绝与地面的通信联络。除非敷设有线装置，否则电视机、收音机及其他通信手段都无法使用，这是地下设施的一大不足。

c）保安

i）出入设限

从保安方面来看，从地面进入地下设施必经限定的途径，所以便于防护，也易于防范入侵、偷盗行为的发生。

ii）滥入有难度

处于地表以下的设施很容易防止直接入侵，想挖地洞进入绝没有那么容易。

d）危险品的收存

危险品如果放在地下收存，其保护、隔离及安保方面有非常明显的效果，高能、低能放射性废弃物、化学危险品等也可以等同处理。

e）居住性

如果在这种普遍缺少窗户的环境中长时间逗留会令人生厌，这是地下设施的最大不足，在这种心理上的抵触情绪之外，长时间的阻滞对身心健康的影响也不可低估。

f）人的心理和生理

如果问及在地下生活、工作的感受，大部分人会给予否定的回答，突出印象就是黑暗的氛围和潮湿的空气。言及地下常让人联想到死亡、埋葬及关禁闭，而且没有方向感，因为地面常见的太阳、天空和室外景观等参照物这里都看不到，有种脱离了大自然的感觉。当代科技虽然正在解决这些问题，但已融入历史记忆的这些负面形象依然挥之不去。

g）安全

地下设施发生火灾、爆炸事故时，特别是更深的地下设施往地面逃生更困难。如东京地铁沙林事件使地铁停运一样，有毒气体，尤其当其密度大于空气时往往流向地下，很容易在那里汇聚。地下设施里的视野远不如地面开阔，容易形成死角，给设伏、袭击这类犯罪行为创造条件。作为人造空间，只要在设计上有所创新这些缺陷并不难克服，但是，人们对地下设施的防备心理却很难消除。

（3）保存

a）美观

ⅰ）视觉印象

设施的一部分或全部建在地下与将其全部建在地上相比，会削弱视觉冲击力。产业设施如毗邻住宅区建设、城区开发若与高速公路为邻以及景观区的大规模开发建设等，都很重视视觉效果，这一点在地下空间的利用上也同样有效。

ⅱ）室内特性

地下设施所能造就的室内环境与地上所能提供的条件完全不同，寂静的隔离空间，有一种宗教性氛围。可发挥梦幻般的效果。

b）环境上的优势

ⅰ）自然景观

将高层建筑的一部或全部改为地下建筑，会显现保护街道及其背景的山脉等景观方面的效果。

ⅱ）生态环境的保护

通过对植被的保护可以最大限度地抑制对地区生态系统乃至全球生态系统的破坏，突出表现在植物蒸腾和呼吸作用的效果上。

ⅲ）保水效果

通过对地表的保护促进雨水的下渗，赋予地下水更多的涵养。具有缓解暴雨中涨水、泄洪的压力，具有减轻城市排水和贮水设施负荷的作用。

c）贮藏物资的保存

地下恒温、恒湿的特点有利于器材、物资的贮藏、保存，古埃及的木乃伊就是典型，如今则主要用于食物贮藏。

d）环境方面的缺欠

地下设施受周围地质环境的侵蚀，地表环境和地上环境也会对其造成影响。比如，地下构筑物施工时阻断了地下水以及由此产生的地质环境变化、露天挖掘对景观的妨碍，还有与空洞塌陷相关的安全隐患，这些问题不仅限于地下施工，地上空间的利用也不得不严加防范。

2.1.3　从地下空间利用的现状看特性

（1）国内利用现状

a）城市部分

日本大城市的兴盛多集中于临海的冲积平原上，下面通常是较松软的地层，在大都市圈里地铁已司空见惯，即便省会城市也都在修建地铁、地下街，利用公路、公园以及大厦的地下空间修建的停车场也越来越多。特别是行驶在地下公路的汽车可以毫不顾忌雨雪等坏天气的影响，在地下街购物、行走既放心又舒适，颇受市民的欢迎，北海道、东北、北陆等一些位于积雪地带、高寒地区的主要城市也都热衷于这种地下空间的利用。

随着人口的增加，大厦林立的都市其城市功能过分集中、高密度的建筑正导致城市的膨胀，而地下的上下水管、煤气管、电信管道、地铁、地下通道和地下停车场等生活基础设施也密如蛛网，大型地下公路、停车场也纷纷上马，如今，无论地上还是浅层地下也都出现饱和状态。

近年来，新开工的地下公路、铁路、河道等项目竞相追逐更深层的地下空间，随着松软地层在纵深方向的延伸，土压、水压随之增大，技术问题、施工成本等也都随之增加，所以，50m 就成了地下构筑物建设的一个界限。为此，很多地层松软的城市此前地下空间利用的深度一般不超过 30m，再加深数十米的大深度地下设施，如东京神田川的地下调水装置、都营地铁的大江户线、大阪市的平野川地下调水装置等，仅此寥寥几例。

另外，变电所、排水泵房等也出现向地下转移的趋势，这些设施的上方为写字楼大厦等占据。

b）城市以外

在低洼地较少的地区，与城里一样把设施移至地下，利用地下空间的工程也在不断增加。尤其山区、临海部分上下水管道等生活设施，为了免受风雪、海蚀的侵害更适于利用地下空间。

利用地下空间恒温性、恒湿性的特点还可以修建食品酿造、贮藏设施，还有关顾自然环境的观光设施、利用废矿井的实验设施等积极利用地下空间特点的实际应用。

（2）国外利用现状

a）北欧

北欧充分利用地质结构特点，在其稳定、坚固的岩层下面开发利用地下空间。建筑地下避难所用于国民防卫建设，还有以保护自然环境为目的的其他一些应用。

北欧的地下岩层坚固而稳定，掘进施工中很少采用支护工法，如今机械化的进步，使得基础设施建设选在地下，这样往往比地上的综合成本更低。

在二次大战以后持续的冷战状态下，北欧修建了很多核避难所。关于地下避难所见表 2-1-1 所列，平时常用的有停车场、运动、娱乐场所及仓库等。

北欧诸国将这些避难所设施作为一项国策开展，比如，芬兰的民间防卫法规定，防卫区范围内所有 3000m² 以上的建筑物，都要配备石造或同等材质的民间防卫避难所。在欧洲的瑞士，配备可满足 2 周避难生活需要的避难所被作为一项义务来要求。

其实，地下空间的利用不能只归咎于地上空间的不足，出于保护自然环境这一观点的利用也有很多，在地铁、地下街这类城市设施之外，上下水管道、污水处理、石油储备等各种设施都选择在岩层下面进行。最近，利勒哈梅尔奥体中心修建的冰球馆就是为了避免破坏自然环境在岩层下面建造的。

b）欧洲

英国、法国、德国等欧洲诸国的地下空间利用有种特殊形式，比如，我们可以找到以保护城市环境和城市景观为目的的实例。

工业革命以后，在各国城市的不断变化中，对城市景观的认识却一如既往给予重视的欧洲，在推进城市建设的同时，始终不忘对历史性建筑及景观的保护。1863 年，开通世界第一条地铁的伦敦还首创了近代城市排水系统——伦敦下水道工程，于 1832 年开始整修的巴黎城市排水系统，至今那里已实现 100% 的普及。为了把周围景观保存好，维护良好的城市环境，以巴黎为代表的欧洲各国的基础设施建设，把有损城市形象的排污系统移入地下，在此基础上推进城建工作的开展。在巴黎、伦敦、柏林等主要城市，电线已全部改为地下电缆方式，而地下街、地铁、娱乐设施、地下通道及地下停车场等综合起来开发的雷阿尔集市广场（Forum des Halles）就是在保全历史环境及其建筑物的前提下建设的颇具代表性的地下空间设施。

c）北美

带有北美特色的地下空间利用形式，当首推严酷的气候条件下利用废石灰矿营造如安乐窝一般舒适的地下空间。

在日本，几乎看不到被法律禁止的半地下式住宅，但是美国明尼苏达州等严寒地区以及俄亥俄州等温暖地区，人们避开严酷的自然环境，本着既节能又顾及地面环境的初衷建设半地下式住宅。在加拿大的蒙特利尔和多伦多，营造不受严寒气候伤害的舒适生活空间是人们普遍认同的观点，在这一基础上，利用地下街、地铁站等在地下编织了一副庞大的步行者的网络。

蒙特利尔为了推动地下步行街网络的建设，政府规定利用街道下面的地下通道时，可减额收取占用费，一改民间要办许可的管理方式，把地下通道的建设、设施管理及安全管理等相关费用都由民间负责，按照地下网络计划进行民用地开发时，以大厦下方设地下通道并且向公众开放为条件，从法律角度允许增加建筑物的容积率（建筑物总面积与地段面积之比）。

（3）国内外地下利用的区别

按地下空间利用的形式以及作为其背景的气候、风土、地质等这些自然环境、社会舆情、法理上的不同点，整理出表 2-1-1。

表 2-1-1　国内外的地下利用比较

	日本	北欧	欧洲	北美
地下设施	·街道下面的生活基础设施 ·公共用地下面的地下停车场 ·地铁、地下街	·避难所（停车场、娱乐设施） ·地铁、地下街 ·上下水设施	·城市基础设施（下水道、地铁） ·综合设施	·半地下住宅 ·地铁、地下街 ·地下步行街网络（官民地下）
气候	·北海道以外比较温暖的地方	·寒冷地区	·温暖	·寒冷地带和温暖地带
地层	·松软（冲积平原）	·坚固的岩层	—	—
社会性背景、认识	·城市规模扩展	·冷战（建避难所是义务）	·历史遗留建筑物、环保意识	·对舒适空间的欲求
直接动机、必要性	·对空间的迫切需求	·社会性背景（冷战） ·以环保为目的	·保护城市环境及景观	·打造舒适空间 ·节能 ·保护地面环境

各国在地下空间利用的动机上，有"保护地面环境、节能"、"打造舒适生活空间"等比较积极的做法，如北欧以"冷战"为出发点的避难所通常作为休闲场所、停车场等加以利用，同时还可以兼做抵御寒冷气候的手段。这些都是对坚固的岩层的充分利用。

说到日本对地下空间的利用，其主要动机则出自国土"空间不足"和难以承受的都市膨胀现象，由此，城市设施转入地下成了主流。利用形式大部分处于公共用地的地下浅层，给人感觉属于便于开发和不得已而为之这种消极动机更多一些。

2.2 地下空间的分类

地下空间可按位置、场所、利用目的、施工方法等不同角度来分类。

（1）按位置、场所分类

作为地理概念的分类依其地下空间（主要指隧道）的场所在什么地方来划分。

①山地隧道（在山地修建）；

②城市隧道（在城市修建）；

③水下隧道（位于江河湖海的水面以下）。

（2）按使用目的分类

按便于做地下空间设施计划及利用来分类。

①用于交通运输的隧道

公路、铁路、地铁、地下停车场、地下河道、运河等。

②输水隧道

上水管道、用于水力发电、工业用水、灌溉用水。

③公用事业用隧道

电力用、煤气用、通信用、下水道等（含共用沟槽）。

④地下空间（洞窟）

地下街、地下电站、地下贮藏设施等。

⑤其他

防护设施、殡葬设施等。

（3）按施工方法分类

从地下空间的构筑方法着眼进行分类。有关构筑技术将在第3章详述。

①山地工法

以 NATM 为代表的，对较好的岩盘可实施爆破或使用凿岩机的工法。

②明挖工法

从地面向下挖掘，隧道构筑物浇筑好之后再回填的工法。

③盾构工法

利用盾构机这种机械向地层中边掘进边浇筑隧道构筑物的工法。

④沉箱工法

事先在地面分段浇筑出隧道构件，移至施工位置后沉降到湖底、海底等隧道所处位置的这样一种工法。

（4）按空间形状分类

空间结构形式见表 2-2-1 所列。

表 2-2-1　按空间形状对地下空间的分类

基本空间形式	主要利用目的	配置形态	
纵向成洞结构	开采资源用矿井的竖井（通道用）	垂直、倾斜	
平面结构	地下街、半地下设施	地表浅层较开阔（开凿）	
线状结构 横洞结构	铁路、公路、电力、上下水管道等隧道	水平、倾斜、螺旋	
拱形、穹顶结构	地下电站、地铁车站	开阔（三维空间）	

a）纵向成洞结构

勘探用的钻井、石油等资源采掘井以及作为施工手段、施工通道用的竖井等加以利用。

b）平面结构

如地下街等，用于需要平展、开阔的场所，都处于靠近地面的浅层地下，以明挖方式构筑结构主体。

c）线状结构、横洞结构

公路、铁路等供乘客移动，以及用于上下水道、电气、煤气、通信等传输用途，以线形隧道为主。

d）拱形、穹顶结构

通过近年来掘进技术的发展得以实现的结构方式。这种结构把对地面的影响降至最低限，可满足对大规模、三维空间的需求，用于地下电站、各种娱乐设施等。

（5）利用深度

按用途区分对利用深度的分类见表2-2-2所列。

用途不同，对其利用深度做分类的意义也不一样，这就要按各专业的设计人员的不同见解来划分。比如，有关大深度地下公益性设施特别措置法规定，大深度泛指地下40m以下，而在矿山专业中40m又被列入很浅的分类，可是，市区街道等下面埋设的电气、煤气等公益设施管道，埋在40m深度以下是不可想象的。

表2-2-2　利用地下空间的设施及其深度

利用深度（m）		一般建筑物	小型公共设施	大型公共设施	矿山、地热设施等
	浅层深度	0~5	0~2	0~15	0~100
	中等深度	5~30	2~5	15~40	100~1000
	大深度	30~	5~	40~	1000~

2.3　地下设施利用实例及地下特性

2.3.1　地下设施用途及计划上需要注意的事项

利用地下的设施用途多种多样，利用的意图也不尽相同。这里就利用地下空间的一些主要设施以及计划阶段需要关注的事项整理如下。

（1）设施的用途

　　a）交通、物流设施

　　公路隧道、铁路隧道、地铁（城市已形成网络）是从便于确保线路通畅，摆脱气象条件等外部环境的影响出发，对地下空间加以利用的设施。交通、物流设施公用性较强，要求工期及运营成本等符合事业合理性。避免对地面环境造成影响可以通过对地下空间的利用来实现，在这一点上很容易与居民达成共识。

　　b）能源设施

　　在安全方面，有地上无法设置的超高压线；在结构方面，需要设置在地下空间的抽水蓄能发电站等。从保护山区自然环境、景观等，并确保设施安全的角度也是地下更有利。

　　c）上下水道、水利设施

　　水利设施以水往低处流这一常理为原则，为此很少受阻隔制约，而且抗震能力较强的地下就有很高的利用价值。供水等直径较小的管道可以设在靠近地表的浅层，大型主干线、调水装置等设在较深的地方。净水场、处理场等可将其上面开发成公园等场所，以求提升居民环境设施的形象。

　　d）工厂、实验设施

　　有些避免受地上气候、环境影响，对恒温、恒湿性要求较高工厂、实验设施可设在地下，这方面还有重新利用废矿井的例子。

　　e）生活、文化设施

　　图书馆、体育馆等要求环境安静，如果利用地下空间都可以满足，既确保用地需求又不易对周围环境造成影响。

（2）作计划时的注意事项

　　作地下设施工程计划时，需要关注的地下空间主要特性：

　　a）恒常性

　　与地表、地上的外部环境的区别在于地下空间具有恒温、恒湿这类恒常性。

　　b）隔离性

　　与外部环境隔离，处于独立的空间，可发挥独到的神秘、寂静的特点。

c）环境友好性

作为保护地表面环境，防噪声、防振动、防日射等措施，把设施移至地下的用例也很多。

d）结构稳定性

与地表、地上相比，地层强度更高，尤其多地震的日本，很多对地下空间的利用都是出于对较高抗震性能的期待。

e）提高土地利用率

城市里可用于各种设施的建设空间不足，通过对有限土地的多层化使用，开创新的可利用空间。

f）经济性

一般认为地下构筑物比地面建筑物造价更高，但是，把附加的用地费、补偿款、环保费等都计算进去，地下的有利条件仍然不少。有时还可以省却为了满足各种需要而花在恒温、恒湿上的设备投资。

g）安全性

地下空间很容易营造闭锁的环境，便于确保设施的安全。

h）维护管理

在针对气象、海蚀、灾害等设施防护上，以及构筑物的维护管理方面，地下空间往往处于优势地位。

i）达成共识

设施的建设施工之前，必须与土地所有权人、当地居民等有关方面达成共识，通过对地下空间的利用，在环境保护、设施的结构稳定性方面得到较高评价，在此基础上达成协议。

j）共有化

为了达到经济性、相关手续合理化等目的，越来越多的地下设施实现了事业上的多种经营。

在列举如上地下设施利用实例的基础上，再来认识地下空间的特性。表 2-3-1 是对地下空间利用的主要设施及地下特性的汇总。除此之外还有很多设施将各种特性组合起来加以规划、利用（图 2-3-1）。

表2-3-1 利用地下空间的主要设施示例

用途		交通、物流					能源设施					上下水管道、水利设施			工厂、实验设施			生活、文化设施			
		道路设施	铁路设施	停车场	运输	通信	电站	变电所	送电设施	仓库	供应设施	上水管道	下水管道	水利	科研设施	工厂	仓库	观光	文化设施	生活设施	运动设施
作为地下利用计划关注的事项	恒常性 恒温性			○						○					○	○	○	○	○	○	
	恒常性 恒湿性			○						○					○	○	○	○			
	隔离性 遮断性	○	○	○						○	○			○	○	○		○	○	○	
	隔离性 私密性	○																○			
	隔离性 静肃性	○	○															○			
	环保性	○	○				○	○	○		○	○	○	○	○	○			○	○	○
	结构安全性	○	○		○	○	○	○	○		○	○	○								○
	土地利用率	○	○	○	○	○	○	○	○	○	○			○	○	○	○		○	○	○
	经济性(注1)				○	○	○	○	○	○		○	○	○			○			○	
	可靠性		○	○	○	○	○	○	○		○	○	○	○	○	○	○	○	○	○	
	维护管理	○	○		○	○	○	○	○	○	○				○						
	协议达成	○	○	○		○	○	○													
	公用化	○	○			○	○	○	○		○	○	○	○			○	○	○	○	
	综合利用(注2)																				
利用深度	100 50 15 0 -15 -50 -100	←→	←→	←→	↔	↔↔	←→	←→	←→	←→	←→	←→	←→	↔	←→	←→	←→	←——→	←→	←→	←→

注1）经济性：因选址造成较大影响的事例。
注2）综合利用：在最初用途之外还可用于其他目的的事例。

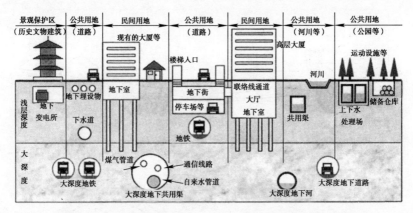

图 2-3-1 地下空间的利用设施、多方利用地下空间的城市解析图
（引自:「JREA」Vol. 46、No. 11、2003）

2.3.2 地下设施介绍

（1）大型地下空间利用工程

a）青函隧道

阻隔本州岛和北海道的津轻海峡，流速快、气象条件恶劣，海上运输很难得到稳妥的安全保障。当时，追求经济高速发展，需要大幅提高铁路运输能力，青函隧道于 1964 年动工，历时 24 年建成通车。隧道寄望于将来的高水平运输，加上现有线路，已成为可以让新干线穿过海峡的设施。它的一大特征在于遭遇灾害时列车可以在海底车站定点停车，确保乘客的安全（图 2-3-2）。

b）Aqualine

Aqualine 是横跨东京湾连接川崎与木更津的海底隧道（图 2-3-3）。如果架桥会阻碍船运，而沉箱隧道又影响周围渔业，这里海底地层较柔软适合盾构施工，于是决定修建海底隧道。工程采用便于控制车流量的铁路，如青函隧道那样集中了防灾设施确保安全的方案，但是，隧道里面发生灾害部位的定位和车辆的疏导都很困难，各种防灾设施分散配置才能确保安全性。

圆形盾构式隧道的断面形状除了满足行车所需空间及道路设施之外，还要与电力、通信等分享空间，作为共用渠发挥更大作用。

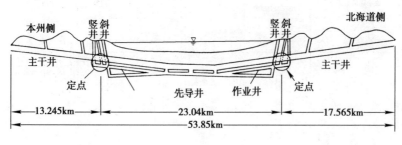

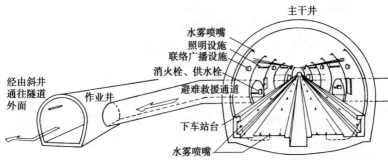

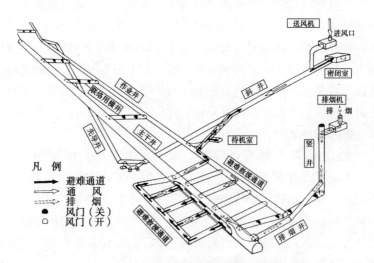

图 2-3-2　铁路隧道实例

（引自:「トンネルと地下」Vol. 16、No. 4、1985）

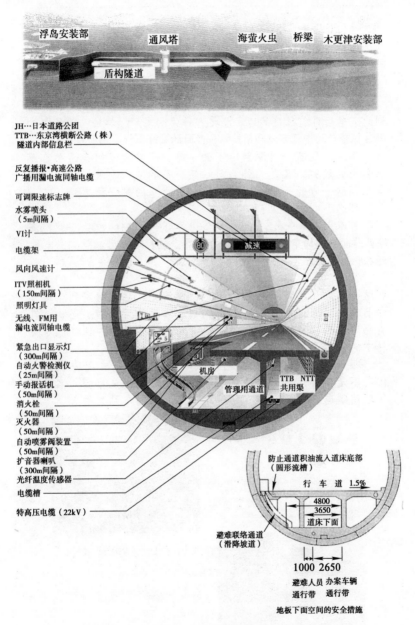

图 2-3-3 公路隧道实例

(引自：東京湾横断道路㈱「東京湾アクアライン」パンフレット)

小贴士 -2

深藏地下的车站

通常铁路必备有车站，车站的利用者通过铁路前往其他车站，到站下车后再前往目的地。总之，作为向工厂、学校、购物中心等目标移动的手段可以利用铁路，此时的乘降、换乘场所就是车站。

不过，还有一种深藏地下的车站，而且是任何普通人都可以利用的设施。又是"作为前往某一目的地的手段加以利用的车站"这一命题下的普通车站里无法想象的另一种车站。

那么，它在哪里？

可以先透漏一点，本州和北海道各有一个这样的车站，远隔海峡两岸而相邻的车站，它们由一条世界上最长的海底隧道（53.9km）连在一起，标准答案就是："龙飞海底站"和"吉冈海底站"。

其实这车站本身还是一个博物馆，如今，搭上特定的列车到这个车站（兼博物馆站）下车，参观完之后乘特定列车继续向前移动，这是一种不买车票就不能参观的博物馆。当初，在青函隧道的工程调查、施工阶段曾作为基地使用，现在成了运转中的排水泵房，也可以作为隧道的管理设施。

顺便说一句，笔者没利用铁路也曾潜入"吉冈海底站"，但也不是徜徉于海底隧道，而是借"管理设施见习会"名义经管理用隧道进入的，也就是说是一个潜入的车站利用者。

左上、右上：据青函隧道宣传手册

c）神田川地下调水池

以治理城市水患提高安全性为目标，七环的地下 40m 建有阻拦存蓄神田川洪水的调水池。地下调水池由大口径地下隧道和抽取存蓄雨水的竖井构成。城市里的公共用地有限，在地面修建调水池不现实，而纵横交错的道路下面已经被大量地铁、生活管线所占据，可利用的空间正在逐年增加深度（图 2-3-4）。

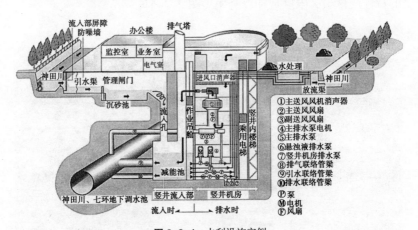

图 2-3-4 水利设施实例

（引自：東京都建設局「神田川・環状七号線地下調節池」パンフレット）

（2）直接供市民利用的设施

a）地铁

大城市的地铁网络的确是对地下空间特性的充分利用，在日本，土地按所有权决定其归属，而地下空间的道路等都属于公有，以至于出现了地下空间的多层次利用。目前，地下构筑的道路、地铁已作为地上部分的对称面，并由此考虑地上部分的构筑物，这样一来，每座建筑物都要做足上部及支撑上部的下部工程。如果下部工程的地基条件差还要设计打桩等基础，结果就把目光转向了地下空间。地上构筑物不仅受抗震要求的限制，还要面对日照、噪声、振动等环境问题，各种待解决课题接踵而至。

而利用地下空间时，只要构筑了所需空间，解决施工、交工时相互间的影响等所采取的对策就比地上构筑物简单得多。再者，阶段性地多层化、高层化向空间发展时，处在地上环境中如果没有一个顾及将来规划的构筑方案就很难完成合理的构筑物。但是，处在地下就比较容易引入空间计划，而且便于柔性应对。

特别是日本城市的地下空间利用，受限的都市空间不得不以多层化来确保空间需求，实际上，具有较高地基强度的地方，其地下的特性应该最大限度地加以利用（图2-3-5）。

图2-3-5 城市的地下设施云集(引自: 東京都地下鉄建設㈱
「地下鉄12号線環状部飯田橋駅（仮称）工区建設工事」パンフレット)

国外也有些颇具特色的地铁车站，比利时的安特卫普中央站，以其历史性建筑闻名，新站灵活利用现有设施，地下采取导入自然光的结构方案（图2-3-6）。

b）地下停车场

丸之内道路下面的停车场建于1960年，新宿和池袋站前广场地下停车场都建于1964年，此后，大都市圈都陆续建起了地下停

车场。大城市交通流量大，与此相比，公共用地又比较少，所以，
道路、公园、政府机关的地下就越来越多地被公共设施利用了起
来。在地下停车空间与地上空间之间存取的利用者、出入口和车道
都形成一种互不干扰的结构形式（图 2-3-7）。

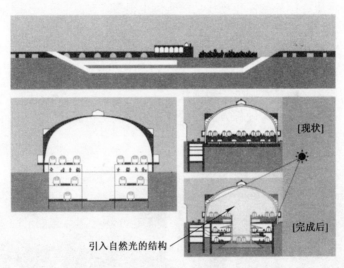

图 2-3-6　历史性建筑物的保存，安特卫普中央站的开发计划

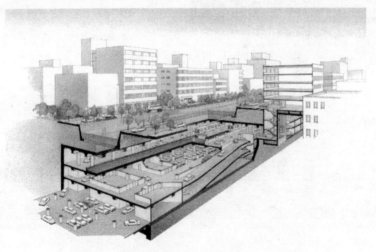

图 2-3-7　地下停车场实例（鹿岛建设（株）提供）

最近，出现很多与其他事业共同协调的项目，深度地铁空间挖掘后的回填土土方量，正在被地下自行车停车场和汽车停车场的空间取代，像这样互惠互利的设计案例还有很多。

在历史景观的保留、地表公园等绿地空间的保护以及降噪等环保对策上，国外的停车场成功的实例也很多。

c）地下街、地下广场

由于历史、文化、法制等社会背景的不同以及地层、地形等差异，对地下空间的使用管理方式也不一样，欧美国家将其作为开放空间使用，而日本则处于闭锁状态。

最近，软件、硬件方面相关课题的解决正在促进空间设计向开放型变革（照片 2-3-1、照片 2-3-2）。

地下工程　　　　　　　　　　　　　　俯视地下广场

照片 2-3-1　地下广场实例（新宿路岛）

从大厦 2 层可以看到地下 25m 处的地铁　　地铁站台引入自然光形成通透空间

照片 2-3-2　地铁站与地下街的连续性（船埠未来的通透空间）

d）博物馆、美术馆

高山祭的博物馆是建在岩盘中的半球状穹顶（直径40m、高20m）一个颇神秘的大空间，隔离了外面的紫外线等有害射线的环境。里面的设施省却了常见的用于保持恒温、恒湿的玻璃陈列柜，让人带着近身感觉去鉴赏展品（照片2-3-3）。

照片2-3-3　地下博物馆实例（飞岛建设（株）提供）

位于东京六本木中间地区的21-21DESIGN SIGHT是一座地上、地下各1层的建筑物，只有入口和接待室设在地面，地下是很大的画廊和凹下去的庭院，充分享受地面的自然光及其营造的开放感，开创了一种具有独特氛围的地下空间（照片2-3-4）。

全景　　　　　　　　　　　　从地面看到的地下庭院

照片2-3-4　研究中心实例（21-21DESIGN SIGHT）

小贴士 -3

地下空间的特性

　　说到地下空间的特性，首先要想到利用普通空间时的长处和短处，对比之后轮到了地下，于是让人看到了其特性所在（这里称作媒介特性）。对此，就利用上的特性而言，也可以按"空间环境特性"来定义。媒介特性有以下几个方面的内容：

　　空间性——地下可提供"空间"。

　　恒常性——地下在对空间给予保护的状态上，减缓了外界的影响，具体来讲，比如缓和气温的变化（恒温性）和湿度的变化（恒湿性）、阻隔声音的传递（降噪性）等。

　　隔离性——在地下形成一个密闭环境，隔绝了外界的影响，内部发生的音响、光照、异味和信息等不会外泄。

　　利用地下空间时，对优于地面的这些"媒介特性"的充分发挥值得期待。

（3）设在地下的生活基础设施

a）支撑城建新规划的设施

　　近年来，新的城建规划对以往那股迅猛势头带来的城市问题已有所警觉，确保城市生活舒适性、安全性的设施开始转向地下空间。

　　i）共用渠

　　不仅电气、煤气、通信设施，地区空调采暖系统、城市垃圾处理系统也都纳入共用渠的范围（图 2-3-8）。

　　ii）防灾设施

　　把饮用水贮藏设施设在地下，与自来水管道连接可确保地震等灾害发生时的饮用水供应（照片 2-3-5）。

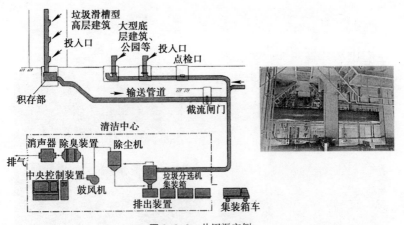

图 2-3-8 共用渠实例

(引自：「みなとみらい 21」パンフレット)

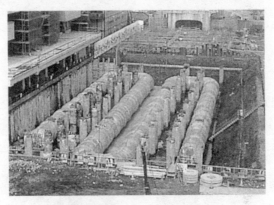

照片 2-3-5 地下防灾设施实例

(引自：「みなとみらい 21」パンフレット)

b) 从生活空间隔离出来的设施

i) 抽水蓄能发电站

抽水蓄能发电站需要配备上下两个调水池，以保证足够的落差用来发电，为此要建在河流上游山势陡峭的地方。这种布局的物理条件和流动空间为发电提供了保障，此外还可以保护环境，确保设施的安全，可见地下空间的设施的优越性毋庸置疑（图 2-3-9）。

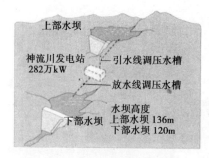

图 2-3-9　发电厂实例（东京电力（株）提供）

ⅱ）仓储设施

　　坚硬的岩层是地质上固有的即使处在洼地松软地层的地下空间也比地上空间的结构稳定（照片 2-3-6）。不仅结构上强度可以保证，由于与外部环境隔离，地下空间的恒温性、恒湿性也很稳定。

菊间岩盘地下油库　　　　　　　　　　　扇岛 LPG 地下储气罐
（（独）石油天然气·金属矿物资源机构提供）　　　（东京煤气（株）提供）

照片 2-3-6　地下油库实例

（4）发挥地下空间特性的特殊设施

　　具有恒温性、恒湿性的地下空间设施，可利用这些特性从事食品生产、贮藏及酿造，甚至还可以供实验设施等使用。于是，近年来又出现了地下空间的翻新使用，具有同样环境条件的报废线铁路隧道、废弃的矿井等正越来越多地被有效利用了起来。

　　有一个特殊例子，舞鹤市有一处原海军地下军火库遗址，里面是隧道式格局，作为防潮措施在入口设有一个装有两道门的干燥室，建筑外壳是外层＋空气层＋内层，这种暖水瓶式双重结构可以保证全年维持12℃的内部环境（图2-3-10）。

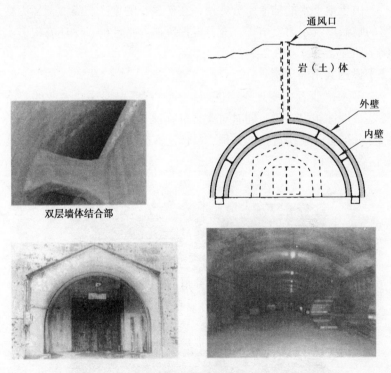

图 2-3-10　军事设施重新利用的实例 原海军军火库的重新利用
（舞鹤市）（天谷氏提供）

空气层部分设有用于积存来自外层地下水的侧沟，同时还兼顾通气管道的空间需要。内层内侧壁上的装修层也是防潮措施的进一步加强，至此，牵涉到火药的湿度管理就可以完全放心了。

正因为是这样一种设施，做粮库使用后至今还完好保存着战争结束时存入的大米。

现代能源的多样化使得很多煤矿等矿井被废弃，这种场合所需的安全性在废弃矿井里完全可以得到满足。其他更多应用还有实验、贮藏及栽培等，特别值得一提的是云物理实验和音响实验，对这里地下空间的环境特性是最好的体现。

由于地下水的抽取十分方便，在矿泉水的生产、类似葡萄酒酒窖的贮藏以及水力发电等，充分发挥废矿井特性的方法还有很多实例（照片 2-3-7、图 2-3-11）。

（5）设施共用的实例

多家执业者共用地下空间时，往往首先根据这些事业的经济性、合理性作出判断。同时对灾害及管理上的种种可能情况都要做好充分准备，就构筑物的管理、财产的区分等当事人之间应达成共识，签订协议。

照片 2-3-7 葡萄酒酒窖的实例（立花町提供）

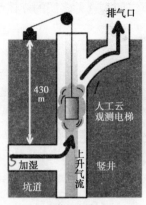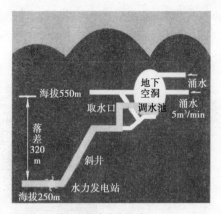

左：云物理实验　　　　　　右：地下水力发电站

图 2-3-11　地下实验设施实例

a）地铁和输水管道（琦玉县高速铁路）

盾构隧道的排水管道部分，除设置排水设备外，铁路方面很少使用，但是，与水力有关、限制条件较少的设施与其他设施共用的可能性更大一些（图 2-3-12）。

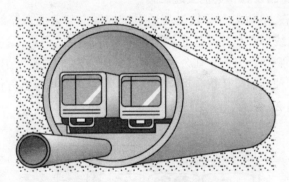

图 2-3-12　地下设施共用的实例

b）地铁与高速公路的高架结构一体化

地上构筑物的修建都伴随着地基部分的构筑，遇到松软地层就要设置基础桩。这时，这些基础就会占据相应的地下空间，对地下空间的利用构成明显的制约。为此，地上、地下构筑物的计划就需要事先做好协调，以便更有效地利用地下空间。这种多层的立体空间利用还可以提高土地利用率（图 2-3-13）。

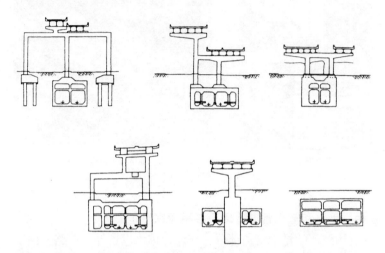

图 2-3-13　道路设施与地下设施实现一体化的实例（东京急行电铁（株）提供）

c）道路设施和其他交通设施

铁路、单轨电车等轨道交通系统的线形与普通道路的平面线形、纵断线形等在几何基准上有明显区别，曲线部分等给实现公用带来很大麻烦。但是，在公用设施的线形、附属设施、结构、工艺及财务管理上如果作出合理调整，工期、施工费用等各方仍然有利可图（图 2-3-14）。

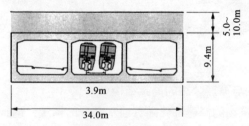

图 2-3-14　道路与单轨电车的隧道共用方式实例
（引自：「多摩都市モノレール」パンフレット）

第3章 地下空间开发的技术

3.1 计划与调查

前一章讲述了地下空间的特性及其利用形式，下面就以对地下空间多层次利用，计划、实施较多的大城市为主，说明从计划到实施期间的步骤。

3.1.1 地下空间利用基本计划的编制

（1）基本构想

在利用地下空间的城市规划中，决定基本构想的步骤与作地上规划一样，但是鉴于地下的很多特殊性，有时要由地方政府提出指导方针。下面针对制定基本构想的概要至城市规划的批复，讲解这期间要履行的步骤。

a）基本构想的策划制定

ⅰ）把握实态、确立课题

基本构想就是建设方在着手一个项目之前，要在考虑公益性和必要性的基础上，整理出与项目相关的场地、布局以及工程规模等一些基本要件。

编制基本构想时，首先要把握实态，从交通状况、现有基础设施状况、土地利用状况及人口、经济指标等观点出发，抽选出几个课题，由此开始着笔。

这些调查资料在项目取得进展后，对预测即将面对的问题有很重要的参考价值。所以，各项调查必须全局均衡起来进行。

ⅱ）基本构想的策划制定

一项可以开展的计划其基本方针确立以后，基本构想就成了它需要依赖的指南。作为项目计划的目标、对象还要按地区确立实施计划的年度目标等，更重要的是听取市民的希望和意见并与其达成共识。同时，对将来的人口、土地利用、经济活动及服务水平要作出估量，到这时，才有可能求得与中央和地方政府既定的上层规划的协调统一。

ⅲ）编制构想阶段居民参与的步骤及其指导方针

整备社会资本的运作过程中，确保透明性、公正性，获取市民等各阶层的理解和配合十分重要，为此，项目的建设方要致力于积极公开信息，争取市民和非营利组织等多方参与，在编制基本构想过程中营造一种有市民等主体参与的系统。所以，国土交通省及其直属的公共事业单位都备有构想阶段市民参与步骤的指导方针。

作为应该对市民公开的信息，除了与项目相关的内容外，还应包括对国民生活、环境、社会经济造成的影响的评价等实例。

b）城市计划的批复

最初阶段进行的城市计划的步骤是对计划对象所选地区的肯定，故把这个地区叫做城市规划区。城市规划区未必局限于一定的市镇村，实际上要按照一个区域去整备、开发、维护。但是，若属于跨行政区的城市规划区，就要事先听取相关市镇村或都道府县规划审议会的意见，并得到国土交通大臣的同意。

地铁、高速公路这类较大领域的项目计划，首先其建设方要在基本构想的基础上多准备几个草案，把听证会等形式上征集的市民意见反映在草案中。与相关机构和国土交通大臣协商，将精练后的城市规划案交由国土交通大臣批复。

接下来，纵览城市规划案，安排市民及权属人提意见的机会，然后接受城市规划审议会的调查和审议。履行这些手续后，经国土交通大臣认可后该城市规划即获准成立。

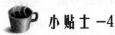

小贴士 –4

什么是城市规划审议会¹⁾

城市规划审议会是各都道府县、设有城市规划区的都道府县以及各市镇村，为了对城市规划相关事项进行调查审议而设置的机构。城市规划决定着一座城市的将来形象，对市民生活有很大影响，为此，在决定一项城市规划的时候，不仅由政府机关作出判断，资深学者、相关政府官员、市镇政府的代表、都道府县议会议员以及市镇村议会的代表等都是审议会成员，经过这个审议会全体的调查审议才能作出决定。

审议会的会议原则上要公开进行，可以通过事前抽选代表旁听会议，会上提出的议案、资料及审议会议事录，除牵涉个人隐私部分，都要在网上公开。

城市规划审议会进行期间都道府县和市镇村之间总难免存在异同，但是，如下图所示，要在城市规划报批手续的"方案的公告、纵览"之后进行。

会议可依需要召集，比如 2004 年东京都和武藏野市每 6 年召集一次会议，城市规划审议会的组织成员中资深学者和议员占多数，例如，东京都如表所示。

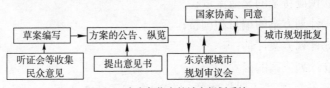

图之一 东京都指定的城市规划手续

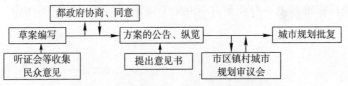

图之二 东京都内市镇村制定的城市规划手续

表 东京都城市规划审议会委员的构成

委员的构成	人员
资深学者	10 名以内
相关行政机构官员	9 名以内
市区镇村领导的代表	3 名以内
东京都议会议员	10 名以内
市区镇村议会的代表	3 名以内
合计	35 名以内

　　城市的大规模项目规划决定了目标区域的未来形象，为市民规定了与土地利用等相关的义务，相应权利也会受到限制。所以，与基本构想的编制过程一样，行使该决定时要能充分反映市民意向，在建设方与市民达成协议的基础上谋求项目计划的推进。城市规划的内容由总图、计划图和计划书组成。

（2）地下空间的开发计划

　　关于地下空间的开发，可以拿线形结构的首都高速中央环线为例来说明。新宿线有关计划线路的一些基本事项，首先要接受国土交通大臣就基本计划下达的指示，然后，就公团编写的工程实施计划书的认可和城市规划项目的立项，报请国土交通大臣批准，获准后项目就可以启动了。至于市区道路建设，要在城市规划项目得到认可后，另请国土交通大臣批准。

　　像首都高速公路那样的交通设施的计划编制流程大致如下：

　　①把握实态和问题聚焦；

　　②设立计划框架；

　　③预测将来的交通流量；

　　④计划方案的编写和调整；

　　⑤计划方案评估；

　　⑥计划方案的确立。

　　至于对项目计划整体的评估顺序如图 3-1-1 所示。图 3-1-1 的选择标准按 B（有利条件）和 C（成本）等的比较结果而定。

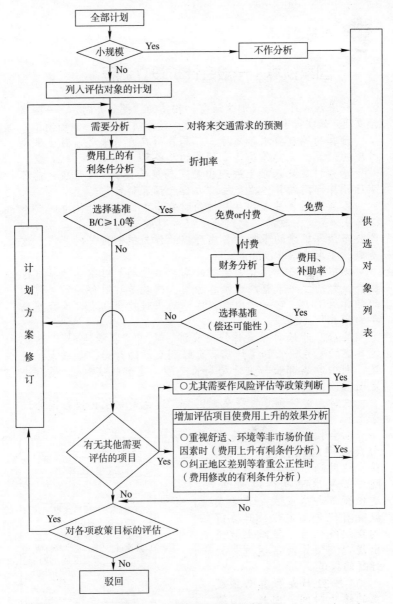

图 3-1-1 评估交通基本规划的步骤
(引自：道路投資の評価に関する指針検討委員会「道路投資の評価に関する指針（案）」
(財)日本総合研究所、第1編 経済評価、p. 13)

小贴士 -5

国家预算（一般会计）设立流程[2]

一进入4月，与我们生活密切相关的"税金去向"——国家预算便开始实行了。为此，前一年度必须提前决定怎样编制预算。

预算的编制要求各省厅、各局各科在5月末之前做出来年希望的预算，提交各局负责预算的总务科。

总务科在此基础上整理出呈交局里的预算，6月底之前各省厅预算部门结算，提交给"办公厅预算科室"。

各省厅从8月末到9月初向财政省申请该预算（也叫要求概算），不过，政府、财政省／经济财政咨询会议早在8月初已公布预算申请的限额，各省厅以此作为编制预算的基准。这是概算要求基准（ceiling）。

集中了各省厅预算书的财政省"主计局"对这些预算进行核查，大约于年末整理出预算原案，这就是"财务原案（最初的预算原案）"，它一经出台，媒体的头版就会刊出"这就是来年的预算"大标题。

此后，开始对原案作修订交涉，也叫"复活谈判"。这也是各省的总务科长和主计局官员级别交涉的开始，如果未能定案，则由各省部长与主计局局长交涉（省部级谈判），最后决定国家预算案。

这时，这份预算案提交到国会，这也是初次出现在国会议席上。

国会按照宪法章程先交由众议院对预算进行审议，获众议院通过后再呈送参议院，如果这里也得以通过，这份预算即告成立。其实众议院有优先决定权，只要得到众议院认可，报纸上就会出现以"预算获得通过"为标题的报道。

3月31日是预算必须成立的终止时间，因此，围绕这一时限执政党、在野党往往要展开激烈的辩论。

5～8月	各部委研究预算申请额	
9～11月	各部委将预算申请额提交财务部并在那里编制预算	
12月	财务原案（最初预算原案）公布，复活谈判	
1～2月	预算案表决，预算案提交众议院，预算案由参议院通过	
3月	预算案获参议院通过	预算案被参议院否决、责令修订或30天之内是否决还是通过仍不明朗时 ⬇ 两院协议会
	预算成立	

图 预算成立流程（以2005年为例）

3.1.2 地下空间利用的调查

(1) 调查概要

构筑物大小及结构形式等诸要素的设定流程如图 3-1-2 所示。在对基本构想进行策划、制定阶段，本着计划设施的使用目的，粗略决定结构的形状、构筑物的平面位置及设置深度。在这些基本结构的诸要素的基础上，调查布局和场地条件，研究构筑物的设计及施工计划，确定地下构筑物的平面位置、深度、形状及结构上的诸要素。

尤其大深度利用时，空间的不可逆性和垂直利用的局限性，加大了对计划的空间有效利用期望值。所以，在基本构想阶段的调查就要从经济性、维护管理等多方面深入进行，基于这些信息再对事业费的分摊、财产划分的设定方法及维护管理方法作调整。

而对场地方面的调查依地层条件、利用深度及结构形态等调查内容不尽相同。同时，在构成网络的"线形构筑物（隧道）"和"洞室构筑物"中，调查以固结的"岩层（软岩、硬岩）"为主要对象，地上、地下为施工服务的竖井、斜井中，未固结的"土质地层（沙土地盘）"也是调查对象。

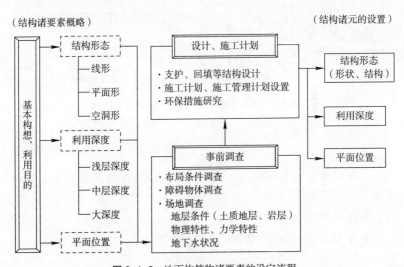

图 3-1-2 地下构筑物诸要素的设定流程

(引自：㈶エンジニアリング振興協会「『地下空間』利用ガイドブック」
清文社、1994.10、p. 199)

从计划到地下构筑物完成的流程调查技术如图 3-1-3 所示。

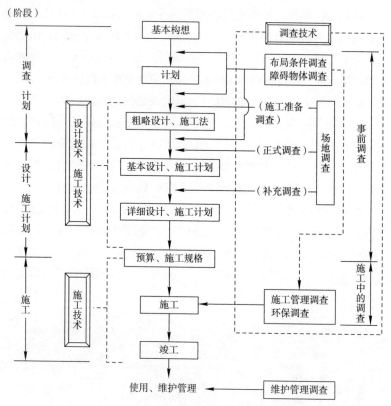

图 3-1-3 从基本构想到地下构筑物完成的研究过程
(引自：㈶エンジニアリング振興協会「『地下空間』利用ガイドブック」
清文社、1994.10、p. 200)

下面详述布局条件调查、障碍物体调查、场地调查、施工管理调查、环保调查。

（2）布局条件调查

为了便于施工中的管理，布局条件调查与事前调查要分开进行。

事前调查时的布局条件调查要把握地形、工程用地等施工环境，而施工中障碍物体的调查包括地表和地下的障碍物。

布局条件调查的项目如下：

a）土地利用及权属关系状况

对土地利用状况的调查通过各种地图和现场踏勘进行，市区地块、农田、山林、河流等在各种用途上的土地利用状况，特别处于市区场合还要调查发挥作用的区域（住宅、商业、工业等）以及市镇化的程度等情况。对土地权属关系的调查则需要判断是公共用地还是民众私有土地，根据这一判断调查与该地块相关的各种权利。市区地块中私有土地权属关系往往比较复杂，应格外认真调查。有无历史文物等方面的调查也要依具体情况开展，工程用地周边地上、地下是否有制约条件都要事先作好调查。

b）将来规划

对有关施工地区的城市规划及其他设施规划的规模、工期、限制事项等展开调查，并将其反映在该项事业的规划、设计、施工计划中。

c）道路类型和路面交通状况

施工用的竖井所在位置对道路交通有很大影响，选定其位置时要与投入使用后的利用计划合并一起作调查，另外，包括届时路面能否继续使用在内，挖掘机等施工器材的出入现场等问题都要同时予以研究。

d）江河湖海状况

在靠近江河处开挖竖井时，为防止河水流入，需要临时占用河滩地，这时需要调查江河的水文、航运、水利状况、施工中井底的稳定状态、潮位差等。

e）施工用电及给水排水设施

为了确保施工用电，在调查施工现场附近临时设置的送配电系统、容量、电压及受变电的方便程度之外，还要考虑是否需要依情况配置备用电源。作给水排水计划时，要考虑可以用来取水的上水管位置、管径、流量和排放地（下水道、江河、湖海等）及其可容纳的排放量、对水质标准的要求等也要作好调查。

f）地形状况

地形状况的调查可通过文献、地图等现有资料以及现场踏勘了解高低差等地表的地形状况。基于这一调查，可粗略掌握土质构成、地下水与预想状况的差异等地层情况。

（3）障碍物体调查

通常要调查对事故有无直接影响或者在认为有影响的范围内对各种物体的调查。所以，施工计划阶段就要进行初步调查，然后，在设计和施工阶段再按需要作深入了解。

这些调查一般常采用的方法是以管理者和所有权人保存的底账、图书为基础，与现场对照加以确认。最近，开始利用 GIS 无损检测找出埋设物。主要调查项目如下：

a）地上及地下人工建筑物

对于建筑物、桥梁、路面设施等地面构筑物和地下停车场、地下街、地铁等地下构筑物要基于设计计算书和设计图纸，调查结构形式、基础状况以及设施利用状况等。

b）埋设物

有关埋设物调查的概要见表 3-1-1 所列。埋设物的调查针对煤气管道、上下水管道、电力通信电缆等地下管线及公用沟，调查其规模、位置、深度、材质等，还要视情况了解埋设物的老化程度。大型埋设物会制约施工计划的正常进行，所以需要更仔细地调查。其他埋设物，有些会给打桩、挖掘等施工制造障碍，调查中切不可遗漏。另外，有时埋设物的底账与实际不符，这时，一定要注意在构筑物的设计、施工计划阶段通过踏勘、试挖与底账对照。

c）建筑物拆除痕迹及临时施工痕迹

建筑物等拆除痕迹及地下构筑物的临时施工痕迹中，有时残留着当前不用的基础、临建用桩基，还有河湖等处的人造陆地中有时会藏有原来的护岸、桥墩等部分地下残留物，这些都需要经过调查确认其有无及回填状态。

表 3-1-1　埋设物的调查概要

调查阶段	计划阶段的调查	设计及施工计划阶段的调查	施工中的调查
调查的目的	①把握埋设物的大致状况； ②对影响隧道施工的埋设物的预测及预测调查后对应予调查的部位的确认	①确认有影响的埋设物状况，形成设计及施工计划资料； ②绘制埋设物平面图	确认施工中能否造成障碍
调查手法	①通过平面测量图调查井盖的位置； ②调查埋设物底账（相关管理者保管）； ③通过踏勘确认	①作涵洞、人孔等的内部调查； ②试挖； ③磁力探查； ④雷达法	①所需部位详细试挖； ②涵洞、人孔等位置及内部状况的确认
摘要	有关底账的调查可向各埋设物的管理者索取相关资料	邀集各埋设物的管理者组织现场会	与各埋设物的管理者保持联系，通过现场会商讨老化管道、情况不明管道等处理办法

d）地下文物

基于文物保护法，已确定有地下文物的场所或预设为出土范围的场所，以法律、条例为准则，要与相关机构密切联系、协商，必须做好地下文物的调查。

e）其他

如果施工位置周边的地上及地下有建筑物、埋设物的未来规划，要针对其结构、设置时间等展开调查，视情况可与当事方就如何避免相互间出现障碍进行磋商调整。

（4）地质调查

如图 3-1-3 所示，初步设计阶段之前的地质调查，可大致把握地层结构，是便于确认需详细研究的题目而作的预备调查。在初步设计阶段的后期再实施正式调查，以便补充详细设计和施工计划方案的欠缺部分，提高调查结论的精度。

a）大深度地下的地质调查现状和课题[3]

一般在利用大深度地下空间时，针对竖井位置与地下构筑空间的位置，需要通过室内试验和抽水试验等作地质调查。而隧道工程还要通过大深度地质调查所需的 X 线层析成像、PS 测井技术获取足够的地下信息。可是，目前对大深度地下的地质状况知之甚少，下列项目需要作出确切评估。

①砾岩、固结的淤泥层与砂土层相互层叠的地层、含水层的地基结构；

②地下水分布情况、水文地质特性；

③土压、水压等造成的负荷、地基弹性系数、反作用力系数。

处于大深度地下的场合，与浅层深度的地下相比伴随干扰所带来的损害要大得多，利用最新调查技术在施工之前确切把握好这些状况十分重要。大深度地基的间接评估法——物理勘测的应用及课题见表 3-1-2 所列。

表 3-1-2　大深度地下勘探手法的用途及课题

物理勘探手法		用途（欲求）				课　题
		地质分布、结构线等信息	与设计、施工直接相关的力学物性等信息	直接影响设计、施工的断层位置、规模等信息	用于研究地下水、水文状况的信息	有关空洞、埋设物等地下异常情况、变质的岩石等信息	
地表使用的手法	屈折法地震勘探	◎	○				·地基所在位置越深弹性波速度越快，如不能建立这一假设条件就难以作出评估； ·如下面速度层较薄有可能无法检测； ·测线以平行或锐角高速层分布则解析精度低
	二维电气勘探	◎		◎	○	◎	·解析断面底部和测线两端解析精度低； ·测线附近有电力线、铁路、钢结构物等杂波是导致测定异常的原因
	地下雷达					○	·黏土质地基或地表积水致使测定精度低； ·黏土质地基致使勘探深度不够； ·受杂波影响解析精度低； ·使用 100MHz 高频电磁波时无法对地下水下面进行勘探

续表

物理勘探手法		用途（欲求）					课　题
		地质分布、结构线等信息	与设计、施工直接相关的力学物性等信息	直接影响设计、施工的断层位置、规模等信息	用于研究地下水、水文状况的信息	有关空洞、埋设物等地下异常情况、变质的岩石等信息	
利用钻井的手法	VSP勘探	◎		○			·大斜度地层难以使用； ·井孔里的套管等可能使弹性波能量显著衰减
	弹性波层析成像	○	◎	○		◎	·最终速度断面上有可能产生伪像； ·环绕起振点受振点范围都成了对象； ·起振点受振点周围分到的分解能最高，离开这一范围分解能便逐渐低下； ·低速部分地震波的初始波线密度低，容易产生伪像
	电阻率层析成像	○		○	◎	◎	·测定部位附近有电力线、铁路、钢结构物等是导致杂波的原因； ·由于受地形、地下结构物的三维影响，勘探断面一侧需要考虑地形的影响； ·如地质构造有显著变化，作数据解析时就要充分注意
	雷达层析成像	○		○		◎	随勘探深度的增加分解能力越发低下，因此适于浅层深度地下的详细调查，用于大深度地下的调查应予注意
	速度测井	○	◎				·靠近井孔处如有平行或缓坡斜交的高速带，会出现无法对应井筒柱状图的速度层； ·使用悬浮法时，套管插入区间及井孔内无水区间不宜使用（需要与潜孔冲击钻井并用）
	电气测井	○	◎				·井孔内插有乙烯管或套管的深井式不能测定； ·钻井使用高分子聚合物系泥浆时不能测定； ·变电所、发电站、高压线、工厂等发出电气杂波（杂散电流）的地方很难测出正常数据
	钻井井壁摄像	◎		○		◎	井孔内壁的研究对象区间内有污水时，解析结果精度低

b）可寄望于将来的大深度场地调查技术 [3]

以大深度地下为对象作场地调查时，如前项所述目前现状不得不通过钻井作调查、实验。按点或线以二维或三维形式推定井点之间的场地状况，能做到这一点的有效手段就是通过井孔作物理勘探，特别是 X 线层析成像的方法。下面介绍近年来正在开发的 X 线层析成像技术。

i）全波 X 线层析成像

相对于以往的弹性波 X 线层析成像所能得到的 P 波速度分布，这种全波 X 线层析成像技术对 S 波速度、密度、衰减率及各向异性都可以作出推定。

ii）线电流源电阻率层析成像

以往的电阻率层析成像，井壁若非裸露状态就很难使用，相比之下这种线电流源电阻率层析成像技术即使在带着井管的状态下，井管或钻杆也同样可以作为线电流源加以利用。

iii）音响透水层析成像

音响透水层析成像实现了对频率和振幅的准确控制，这是传统震源装置无法想象的，由此推出的成像技术把地层的分叉、凸镜形地层等对这些复杂地质构造的把握变为了可能（图 3-1-4）。不仅弹性波速度，间隙率、衰减率及透水系数也都可以作出评估。通过在活跃信号上使用 PRBS 码（Psendo Random Binary Sequence Code），在比以往震源多出 10 倍的远距离上仍可以进行高精度计测。为此，只用有限的井孔就能获取很多地层信息。

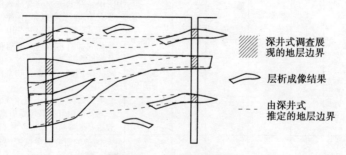

图 3-1-4　音响透水层析成像

iv）正面层析成像

以往的层析成像勘探法要用多条井孔（最少 2 条），而这种正面层析成像技术只要一条井孔就可以完成层析成像。除了在单孔式弹性波勘探（VSP）中用来观测 P 波速度的初始相位之外，还可利用其多重反射波、P–S 变换波的所有相位（正面），由蒙特卡罗法进行广域反转，将单孔式层析成像变为可能。

这些新时代的物理勘探技术目前大部分尚未超出研究开发领域，为此，随着今后技术开发的进一步深入，可望在成本方面也能得到有效的认可。用于更高质量的调查和实验，为城市大深度地下开发注入各种地层信息的数据库的建设已迫在眉睫。

（5）施工管理调查、环保调查

施工管理及环保方面的调查目的在于确保施工安全，尽可能地减少因设置地下构筑物给周边环境带来的影响。施工之前及进行中直至工程竣工都要视情况作好调查，主要调查项目如下：

a）噪声、振动

地下构筑物施工中的噪声、振动，相对来说是影响很有限的一项，但是，较浅深度的施工以及持续的长时间振动就不是一般问题了，对市区道路的施工有各种限制，尤其学校、医院等公共设施周围还有更严格的限制。所以，施工开始之前一定要确认好有无限制及其具体内容，工程施工阶段要对噪声、振动进行检测，控制施工中产生的噪声、振动对周围的影响程度。另外，如可以预见投入使用后噪声、振动对该设施使用状况等造成的影响，就要将有关的降噪、减振措施反映给计划、设计部门。

b）地基异常

对地基状况作事前确认的同时，对那些可通过地基调查资料作出预见的地基沉降、随着施工深入出现的地基沉降范围及程度、影响也要事先作好调查，而且施工阶段要依需要采取适当措施以便监测地表和周边建筑物的异常。

c）地下水

发生地下水水位下降、地基沉降、井水水位下降，有时会进一步影响地下水的流动。而采用注入化学制剂的工法还会影响地下水水质。所以，随时把握地下水流向、流速等数据的同时，还要评估由此对地基调查产生的影响。对于井水要事先预测可能受影响范围内的水井位置，并对深度、使用状况、水位、水质等展开调查，同时，施工中的地下水状况也要给予注意。

另外，依地下构筑物的设置位置、规模，还要对构筑物投入使用后的地下水变动情况作好预测。

d）低氧空气及甲烷气体等有害气体

地下水水位低的砂砾层、砂土层在处于不透水层之下的情况下，土壤粒子中的铁及其他有机分子被空隙中的空气氧化，与这部分地层相关的水井、地下室等有可能会渗入低氧空气。为此，施工前要在可预测的受影响范围内调查其中有无水井、地下室，确认水井的水位、施工中有无低氧空气的泄漏。至于甲烷等有害气体，可通过施工前的钻探测定潴留气体的有无及其浓度大小，施工中也要检测巷道内的气体浓度。

e）化学制剂的注入等

注入的化学制剂、深层混合处理工法的药剂发生泄漏，地下连续墙工法、泥水式盾构工法形成的淤泥等，在可预测的受影响范围内事先调查其中的水井、河川等水质，并监视施工中的水质变化情况。

f）施工副产物

在加强对建筑产生的残土等施工副产物的管控以及促进其综合利用的同时，对倒运路线、最终处理场地等都需要作调查。对于地下构筑物施工中产生的建筑副产物（残土及建筑废弃物）要参照国土交通省（原建设省）颁布的"建筑副产物适当处理推进纲要（2003 年）"执行。

g）其他

关注因工程车辆的通行给竖井周边道路的日常交通所造成的影响，对工程车辆的通行路线的选择、流量的大小都要做好调查。而对环境影响负有评估义务时还要熟悉好相关法规。

3.1.3 初步设计和施工计划 [4)、5)、6)]

（1）地下空间利用的初步设计

普通事业项目的初步设计由配置设计、一般设计、结构设计、施工法研究、设备设计、工程计划、成本预算以及实施设计时的关注点构成。像地下构筑物这种大型事业项目的初步设计不要求所有设计内容都要进行，但是，由于各设计项目之间相互关联很复杂，所以就要反复研究。

这里的一个实例是关于铁路盾构隧道的一项大工程，这里概略讲一下它的设计步骤，初步设计与调查的流程如图 3-1-5 和图 3-1-6 所示。铁路的盾构隧道工程从选址、障碍物体、地形以及土质条件，到单线隧道并列与复线隧道的选择，乃至地下车站规划等都要综合起来考虑。中空断面方面除建筑边界外，还有轨道结构、维护待避线路、行车信号、通信、照明、通风以及排水等，要考虑各种设备所需要的空间。盾构工程要在酌量施工误差（上下、左右的蛇行、变形及沉降等）的基础上作决定。

地下构筑物的平面设计要在研究使用目的、地表面利用状态以及障碍物体、邻近建筑物的影响等问题之后才能动笔，还要在可能范围内对施工安全给予保证，比如对存在涌水、有害气体可能性的地层应该有所防范。在铁路盾构隧道的线形、坡度、站房计划之外，还需要考虑完工后的通行性能及维护管理的方法。

（2）地下构筑物的施工计划 [4)、5)、6)]

施工计划在开工时从"好（质量）、早（工期）、低廉（经济性）、安全（施工安全）"这几大要点上，找出人力（Men）、材料（Materials）、方法（Methods）、机械（Machines）、资金（Money）这五大手段（5M），决定更确切的具体施工方法。

合同类相关文件上要注明完成构筑物的形状、尺寸及质量等内容，如果属于大型地下构筑工程，就施工方法及其工艺流程还要作概略的临建施工，并以合同附件形式作出规定。

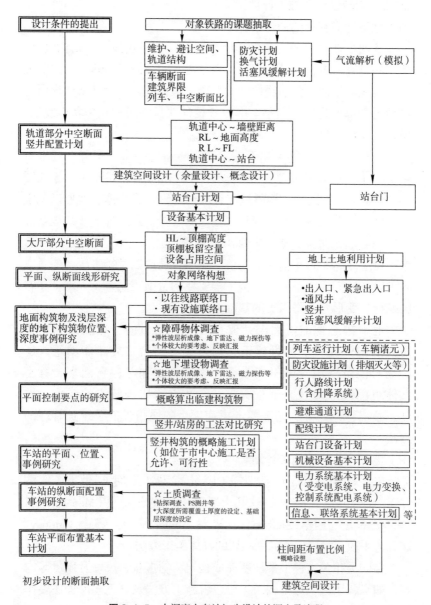

图 3-1-5　大深度火车站初步设计的调查及流程

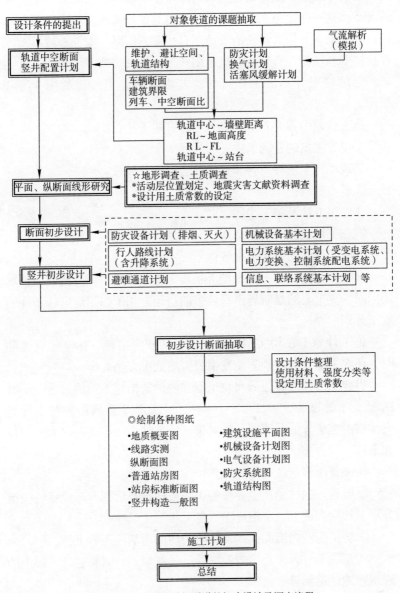

图 3-1-6 大深度站间隧道的初步设计及调查流程

而实际施工中经详细调查有时不得不对临建作出调整，在这种情况下，这些临建施工就成了设计变更对象。像这类需取得甲方准许、赋予施工方相关责任的事情还有很多，所以，施工方就要发挥自身技术和经验，必须研究决定用什么方法去实施。

伴随施工计划的工艺流程，其内容和立项步骤如图 3-1-7 所示。

施工计划中需要着重研究的项目有如下几点：

①甲方提出的合同条件；

②现场施工条件（含邻接的社会因素条件）；

③基本工程；

④施工方法及施工步骤；

⑤施工用机械设备的选用；

⑥临建设施的设计及配置计划。

在考虑这些问题，对现场形状做变更、增减工程量及征地进展的同时，更重要的是制订出符合事前与地方相关部门商定好条件的施工计划。

施工计划中在切实把握极限工种的安全措施、保全环境的同时，还要采取充分兼顾防止发生公害的施工方法。

以包括延伸性管道的布设工程在内的盾构施工为例，看一下编制施工计划的流程。如图 3-1-8 所示，就施工步骤中的各工种研究详细的施工方法及课题及其对策，施工计划中需重点研究的项目如下：

①准备工作：各种调查工作；

②盾构一次衬砌：竖井设备工、盾构机及后部台车设备的搬运方法、初期掘进工、主掘进工、电工；

③防护工：为出发、到达做防护用的药剂注入等工种；

④量测工：对接近的构筑物的计量测量工，对临建及工程中的建筑物的计量测量工；

⑤盾构二次衬砌；

⑥竖井内的管工；

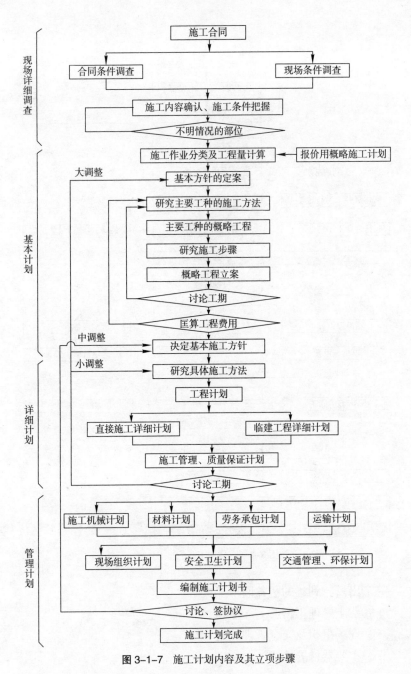

图 3-1-7 施工计划内容及其立项步骤

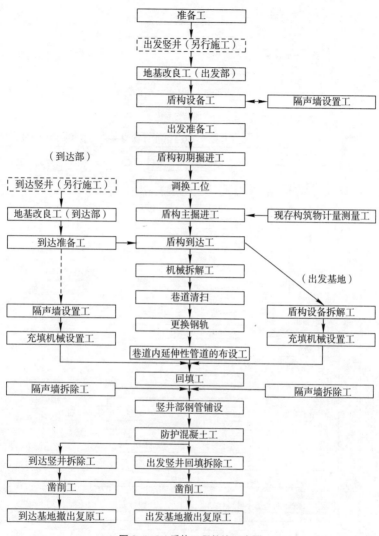

图 3-1-8　盾构工程的施工步骤

⑦出发、到达的竖井回填工；

⑧残土处理工；

⑨现场组织及安全管理计划；

⑩主要器材的接货计划；

⑪主要机械的使用计划；

⑫施工管理计划：工程、质量、完成形态等施工管理计划；

⑬应急体制及应对措施；

⑭周边交通的管理方法；

⑮环境对策；

⑯现场作业环境的整备措施；

⑰促进综合利用的措施等。

3.2 设计、解析技术

3.2.1 地下空间利用与设计

（1）设计思路

所谓设计原本指将某一目的具体化的意图，用在地下构筑物时从"企划、定案"到"调查"、"结构计划"以及"结构解析"，把这一系列的流程合在一起，也可以称作协调人或管理行为。这当中主要有两个侧面：从"企划、定案"到"结构计划"的计划侧面和从"结构计划"到"结构解析"的设计侧面。

通常日本的建筑技术人员提到"设计"多指后半部分，对最初阶段的准确表达应该是"狭义设计"更贴切一些，它与包括计划性侧面在内的"广义设计"应该有所区别，但是，"狭义的"或"广义的"逐一表现起来很麻烦，而且把前述的"狭义设计"直接表现为"设计"已经成了一种惯例，所以本书就采用这种表达方式。

地下空间利用中的设计再进一步讲，把它说成"建设地下构筑物的位置、形状，建设所处时期、建筑工法以及各种器材所用的材料种类及其尺寸等，不仅要考虑构筑物的耐负荷性、变形性，还要考虑耐久性、经济性及环境影响因素，关注使用者的便捷性等呼应方方面面才能决定下来的行为"更恰当一些。

也就是说，即使把地下构筑物看做一个整体形状，也有建筑工法决定事例、设置深度决定事例、便捷性决定事例、经济性决定事例、有周边其他建筑物的衔接状况决定事例等多种多样，都是些单纯条件，所以很难由此产生一种形状。其他土木建筑也同样，像这种条件千差万别，又要同时给予考虑的复杂局面，正是把地下构筑物的设计推向更深远意义的原因之一。

（2）地下构筑物的种类及其设计方法概要

地下构筑物种类繁多，按形状可分为：

①联络线隧道、运行隧道用的线形构筑物和螺线形构筑物；

②构成地下空间的面状构件、球形构件、穹顶构件；

③竖井等使用的竖直构筑物等几种形状。

另一方面，按地下构筑物的建筑工法还可分为：

①用挡土墙拦住岩（土）体，在地面开挖的空间里现场浇筑混凝土，构筑开凿式隧道；

②把在工厂预制好的管片在盾构机挖掘出的空间里组装起来，构筑成盾构隧道；

③在凿岩机等开凿的空间里装上钢支架、锚杆，防止岩（土）体变形，然后通过现场浇筑混凝土等方式，二次成形建造山地隧道等形式。

地下构筑物的分类除此之外，还有"2.2 地下空间的分类"中讲述的按建筑场所、使用目的等关键字进行的分类。

在这些分门别类的地下构筑物的设计中所采取的手法都要符合其形状、工法的要求。开凿隧道、盾构隧道的设计上大致可分为，临界状态设计法和允许应力强度设计法；山地隧道的设计可分为，按标准支护模式的设计法、按工程类比的设计法以及按解析手法的设计法等[7]、[8]，其中以经验类比设计法为主。

3.2.2 一节对地下构筑物可以采用的设计手法有概略讲述。

小贴士 –6

设计的深度

围绕地下空间利用方面的设计，如前所述必须考虑好复杂多变的诸项条件才能实施。利用地下空间还具有工程规模大，施工费用高，对周边造成的影响也很大等特点，为此，它的设计工作通常都要从调查设计、比较设计、初步设计、详细设计一步步展开，以求得更高精度的设计成果。表述这类设计深度的词汇含义一般有如下几个方面。

调查设计

涵盖整体工程范围内的各种构筑物的研究，比如，选择地下好还是选择地上好、用什么样的线路走向等，这些通常都离不开结构计算，并参考过去的设计实例、技术资料进行讨论研究。

比较设计

所谓比较设计就是为了决定构筑物的整体计划而实施的作业，综合考虑经济性、施工性、安全性、环境友好等方面，以不同的构筑形式，准备多种方案供研究决定。比如，地铁车站站房用盾构工法可行，还是采用开凿工法更好些等需要讨论研究的问题。

初步设计

所谓初步设计就是对于通过比较设计选定的构筑物，要对符合设计条件的构筑物进行概略计算，由此作出决定，亦即经比较设计选定用开凿隧道时，就成了决定其横断面主要形状的一项作业内容。

详细设计

这是为工程发包用的设计图纸资料所进行的设计作业。亦即从初步设计阶段决定下来的主要形状，到一般结构图、各种配筋图等的制图、实际施工中可能需要的设计图纸资料的编制作业。

3.2.2 地下构筑物及其设计方法

（1）设计中的"不确定性"及其评估

在对构筑物的设计当中，确保"适当余量"是很重要的一项内容。这里所说的"余量"是针对构筑物及组成构筑物的各种材料部件的耐负荷性、变形性以及耐久性等而言，对其中"适当"的评估尤为重要，也是很难把握的一项。

比如，由其作用带来的荷载、所用材料的强度等，设计中往往不得不处理一些存在一定程度的误差和难以明确的"不确定性"事项，所以，作设计时对图纸上的构筑物断面尺寸、材料强度要估算出必要的余量。这个"不确定性"的程度以概率论方式来表示就必须确保，或者设计上可预见的余量也同样要以概率论来处理。现实中也确实存在用概率论处理问题的设计手法[10]，只不过采用这种手法在设计实例并不多见，正处在研究论证阶段。尤其地下构筑物的设计，较典型的"不确定性"就有"土压"、"地基反作用力"这类概念，面对这些问题都需要全盘考虑。为此，对于"余量"应该在多大程度上确保，就使得地下构筑物的设计变得难上加难了。

后面就有关开凿隧道、盾构隧道设计上具有代表性常用的两种设计方法，从对"不确定性"处理的不同观点作以说明，同时讲一讲与这些方法不同的经验类比设计方法用于山地隧道的思路。

（2）允许应力强度设计法

允许应力强度设计法就是构筑物用的各种材料部件上产生的应力不能超出其允许的应力强度，并以此来决定断面尺寸和材料的强度等这样一种方法。比如，采用开凿工法构筑的隧道，其顶板就有"厚度1000mm，设计基准强度24N/mm^{2}的混凝土，SD345直径25mm的钢筋按125mm间隔配置，把顶板产生的应力限制在允许应力强度之内"这样的要求。采用允许应力强度设计法时，对于作用力产生的荷载、材料强度的不确定性，制作、施工的误差在结构解析上的不确定性等，都要以余量为主，对于材料要确保其安全性。一般的安全率，混凝土的设计基准强度为3左右，钢材屈服点为 1.7 左右。

所以，前述例子中混凝土的允许应力强度在 8N/mm² 左右，钢筋的允许应力强度在 200N/mm² 左右，计算材料厚度、钢筋用量时就要保证发生的应力强度低于这一数值（为了抑制混凝土发生裂纹的程度，有些设计者把钢筋的应力强度允许值定在 140N/mm²）。像这样使用允许应力强度设计法时，通过部件材料上发生的应力强度与允许应力作比较就可以把设计推进下去。

允许应力强度设计法在日本用于地下构筑物的设计已有很久的历史，是实绩颇丰的设计手法，正因为如此，由于允许应力强度设计法用弹性分析作结构解析，简便而明确就成了它的一大优势，如前面例子所说的那样如果事先认准了材料厚度，实施结构解析后钢筋用量等数据也就可以决定下来了。另一方面，荷载的变动、材料强度参差不齐、结构解析上的不确定性等总括起来评估安全率。针对阪神大地震那种强震振动，用弹性分析作设计，就会暴露出不合理性等不足之处。以此为借鉴，如今日本地下构筑物的设计手法正在逐步转向临界状态设计法 11)、12)。

（3）临界状态设计法

临界状态设计法在构筑物的施工及使用期间，对构筑物完成后预期的功能尚未完全实现的状态（临界状态，亦即设计时必须检查的状态）给予了明确定义。是一种为了尽量将这种可能控制在最低限，借助可靠性理论对构筑物进行设计的方法 13)。

这里提到的所谓构筑物尚未完全实现功能的状态，往往指"最终临界状态"、"使用临界状态"的一种假想。即，"最终临界状态"就是构筑物或构筑物的某一局部受破坏、丧失耐久力的状态，意味着该地下构筑物丧失安全性的状态。而"使用临界状态"则指构筑物或构筑物的某一局部有过多的裂纹、变形、振动等发生，不能正常使用的状态，亦即意味着该地下构筑物投入使用时会产生某种缺陷的状态。临界状态设计法就是按照这些临界状态，通过对部件材料的断面应力、裂纹宽度、断面强度亦即允许的裂纹宽度等的检查来开展设计。

这样看来，有更多观点认为临界状态设计法既科学合理又符合经济效益，不过做地下构筑物的设计时使用起来也有困难的一面，一个明显的例子是如前述提到的地下构筑物的设计不得不处理诸如"土压"、"地基反作用力"之类实际情况不明确的现象，还可以举出地下构筑物的最终临界状态，也就是失去安全感，是否陷入崩塌状态尚不明确这种含糊不清的例子。

比如，如图 3-2-1 所示的圆形盾构隧道，如果从地上建设的情况来考虑，属于内部 3 次超静定的构筑物，由 4 道缝铰接形成的段落，成了一次不稳定构筑物。但是，地下的 4 道缝铰接形成之后，环绕隧道的岩（土）体结构体只要有足够的支撑，就不会出现不稳定构筑物，也就是说可以认为闭合的圆形盾构隧道是高次超静定构筑物。所以，地下构筑物这种结构处于失去安全性、濒临崩塌这种临界状态，既不明确又含糊不清。

（4）山地隧道设计法

山地隧道的设计手法与开凿隧道、盾构隧道有着根本上的区别。山地隧道由人工衬砌、锚杆、混凝土喷射等组成的支护作业、由现场浇筑混凝土等衬砌作业组成，山地隧道的主体结构就是岩体本身，这也是区别于开凿隧道、盾构隧道的最主要原因，在山地隧道的设计中之所以设置洞室，是为了核查外在作用力——环绕隧道的岩体的稳定性，即通过对岩体内部应力的再分配来解决既定内力的平衡问题。

这里还要简单介绍一下山地隧道的设计问题。前面已讲过开凿隧道等采用的允许应力强度设计法、临界状态设计法，就是通过对某一荷载产生的应力强度及断面应力、允许应力强度及断面强度的核查完成一项设计的过程。另一方面，山地隧道的支护施工，由于形成了与岩体融为一体的构筑物，荷载对于支护施工不仅是一种外力，通常还要考虑支护与岩体的相互作用对支护形成的内力。在这一点上也反映出与开凿隧道、盾构隧道在设计上的区别。

于地上建筑时　　　　　　　　　　　于地下建筑时

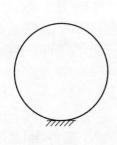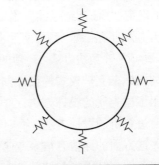

	超静定次数 r	材料间的约束数 j	材料与地基间的约束数 s	构筑物的部件材料数 m
地上构筑物	3	3	3	1
地下构筑物	∞	3	∞	1

发生 4 处铰接

于地上建筑时　　　　　　　　　　　于地下建筑时

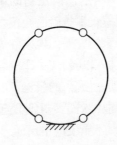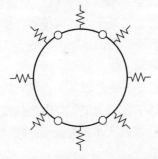

	超静定次数 r	材料间的约束数 j	材料与地基间的约束数 s	构筑物的部件材料数 m
地上构筑物	-1	8	3	4
地下构筑物	∞	8	∞	4

图 3-2-1　闭合的圆形构筑物超静定次数

可是，该怎样正确评价支护施工产生的内力呢? 还是如前述那样对"对不确定性留适当的余量"作评价后再对支护施工进行设计等，还有其他这类问题出现。到目前为止对这些问题仍没有确立合理的科学解析，形成一个解决办法。一般的支护施工设计有如下一些做法。

①利用标准支护模式的设计方法;

②用工程类比的设计方法;

③通过解析的设计方法。

有关这方面的详情有很多专业书[9]可参考，简单地讲就是①在考虑岩体条件、断面形状的基础上，消化引用以往隧道施工实绩中的经验，制作标准支护模式的方法。以铁路隧道为例，比如"岩体种类〇〇，岩体等级△△，所以需要长度 3m 的锚杆 20 根，沿隧道纵深方向按 10m 间隔设置"。

②由于特殊岩体条件、断面形状等不适用标准支护模式时，参考过去类似工程的设计条件进行设计的方法。

③在特殊条件下，①和②都不能用时，或对①和②设计结果作验证时使用的方法，在这种解析过程中多采用有限元素法（FEM）等方法。

作山地隧道设计时要特别注意"对不确定性留适当的余量"。①和②的方法基于以往实绩和经验，支护模式本身就已经包含了这部分内容。处在山地隧道的场合，随着施工的进展山地条件等出现意想不到的变化时就要修改设计，此时支护模式的变更比较容易是其一大特征，也可以认为这是"对不确定性留适当的余量"的典型之一。其中对"余量"程度的估量并非易事，但是，山地隧道这类经验工程学的设计方法也正处在"对不确定性留适当的余量"的考虑范围之内。

对于③也同样，实际上土和岩盘的不连续等也存在"不确定性"，对这一"不确定性"的余量，是靠岩体变形系数、泊松比这些地基常数等随着过程来保证的，所以，①~③的设计手法，在施工阶段、投入使用阶段如有缺欠发生时，就是以追求适宜的设计为前提的经验类比法设计。

接下来是衬砌设计，除非特殊场合，一般山地隧道多采用通过衬砌限制岩（土）体变形，然后再浇筑的方法。为此，衬砌中往往不使用标准构件，在各项基准条款[14]中，取决于标准券的厚度等规格，以此为准进行施工。

 小贴士 -7

功能和性能

不仅普通专业书，有关指南、标准类书籍中也都经常可以看到"隧道功能"、"隧道性能"这类词汇。可是，将其明确定义的书籍却十分少见，为此，针对"隧道功能"、"隧道性能"这类词汇的定义在此做个归纳整理。

"功能"在字典[15]中的解释是："事物可发挥的作用，相互关联的各因子合成的一个整体所固有的角色作用。"再看对"性能"解释："机械等所具有的性质和能力。"还有"职能"这个词汇，其解释是"分配到的职责"，而"能力"则指"获取事物的力度、作用"。

"隧道功能"也就是隧道应尽的作用，"隧道性能"就是隧道所保持的（或应保持的）能力。那么，隧道的作用指什么呢？

隧道应尽的作用可以说成是"把人、物安全快捷地送到预订位置，作为搬运路线的一种持续存在"，如果着眼于其中的"安全"，就要说到"对作用于隧道的荷载不能发生破坏乃至严重变形"这一有关隧道功能的概念了。另一方面，从"安全"着眼再来看隧道的性能，这时就转入"$200kN/m^2$ 的土壤荷载与 $50kN/m^2$ 的水压之下的强度和刚性"这一话题了。

可见隧道的功能表现的是隧道应尽的巨大作用，而把隧道的性能称为实现这一巨大作用显示出的具体指标更恰当一些。亦即，把"隧道功能"具体细化下去需要必备的"隧道性能"就变得明确了。

3.2.3　地下构筑物及其解析方法

这一节内容主要以开凿隧道、盾构隧道为例，对"解析"中的一些基本事项、课题要点等作讲解。很多专业书中都有关于隧道的详细解析方法，这里可作为它们的参考资料来使用。

（1）地下构筑物的设计流程

图 3-2-2 是地下构筑物的设计流程。图中的"应答值"是指在允许应力度设计法中使用发生应力度设计法、临界状态设计法时，

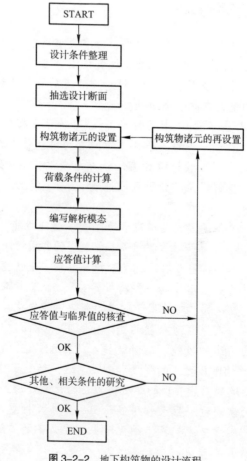

图 3-2-2　地下构筑物的设计流程

断面应力、裂纹宽度、变形量等的替换值。同样，临界值在允许应力度设计法中就变为允许应力度、在临界状态设计法中就变为断面强度、允许裂纹宽度、允许变形量等。

"设计条件的整理"就是对"3.1 计划与调查"中所讲述的各种计划事项、调查结果的整理、反映，概略的结构形状、构筑物与建筑物边界的距离、设计上用的土质常数、设计水位、各种材料的强度、施工顺序等，在作设计的基础上对相关条件进行设置和确认。

"抽选设计断面"就是选定具体要实施结构解析的设计断面。隧道等地下构筑物一般规模都比较大，作用于隧道的荷载要跨越施工期间和投入使用之后，施工过程中及环境条件等会引起种种变化。设计当中要对这些荷载作出适宜的估算，对于各施工阶段及竣工后的状态要确保其安全性，为达到这样目的需要抽选出设计断面作确认。

"构筑物诸元的设置"就是实施结构解析之前，先把材料尺寸、使用材料、临界状态设计法中材料断面的钢筋用量等设置好，这是设计者发挥其经验、感悟的过程，如果设置的诸元未能切中目的，应答值就会超出或远低于设限值，这时，设计作业往往就要返工了。

"荷载条件的设置"就是为了满足抽选出的设计断面要求，对土压、水压、自重、上承载重、地基反弹力等作出具体评估，作用于地下构筑物的荷载要与构筑物的变形分开来设定，也就是与结构解析之前确定的荷载有关联的部分，即与实施结构解析并且于计算收束之后决定的荷载有关联的部分。有关这部分内容后面还要详述。

"编写解析模态"就是依照"设计条件整理"、"构筑物诸元的设置"的结果编写结构解析模态。开凿隧道、盾构隧道的结构解析模态往往多用带张力、弹力等要素的框架结构来完成模态化。像前面讲过的那样，设计山地等类型隧道时，把周围岩（土）体的变形也列入设计对象中，这时往往要使用由张力要素、平面变形要素、接缝要素等构成的有限元素来模态化。在地下构筑物的设计当中，对大规模的长大型构筑物通常做二维结构模态化处理。对此，后面将详述。

　　"应答值计算"是对具体的各部位部件材料的应力强度、断面应力、变形量等进行计算，随着近年来计算机应用的迅猛发展，在应答值计算上越来越多地使用计算机作数值解析。

　　"应答值与临界值的核查"正如字面所说的那样，将计算得出的结果与地下构筑物的用途、环境条件、使用材料的强度等作对照，复核确认其是否符合临界值的要求。

（2）荷载与结构的关系

　　作用于地下构筑物的荷载，通常将其分为结构系独立存在和具有相互关系两种状态，前者包括一部分土压、水压、自重、内部荷载等，后者具有代表性的包括其他的土压、地基反作用力等。评估构筑物与地基的相互作用的方法，利用弹簧将地基模态化，按构筑物向地基方向的变形量考虑反作用力的作用，这种例子很多（图 3-2-3）。

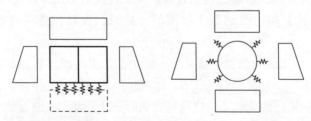

图 3-2-3　评估地下构筑物的荷载系与地基、构筑物的相互作用用的弹簧概念

　　开凿隧道其顶板承受着覆土部分的土压，侧壁上还有静止土压的作用，通常考虑这些承压状况进行设计。底板下面的地基反作用力，相对于构筑物自身刚性而言，地基方面是软，还是硬，断面规模的大小等都需要考虑，地基的位移要独立评估还是从属于地基的位移来评估也需要设定。

而盾构隧道其顶板承受着覆土部分的土压、松弛土压，侧壁上还有静止土压的作用，通常考虑这些承压状况进行设计。隧道侧向、下方产生的地基反作用力，地基的位移要独立评估还是从属于地基的位移来评估也需要设定。这些地基反作用力的发生范围、分布形态及大小都与断面应力的计算方法密切相关。

依照指向构筑物内侧的变形量，如何减少垂直土压和侧向土压，通常不予考虑。但是，据最近以盾构隧道为对象的一项研究实例，通过对这类地基延展动态的适当评估表明，只要做到合理的设计就完全有可能。这一研究成果何时纳入设计基准值得期待。

（3）依照结构形式的解析模态

地下构筑物的形状千姿百态，其建筑工法皆如前所述，多种多样。在结构解析中也同样有必要依照形状、建筑工法把构筑物适当地模态化（图 3-2-4、图 3-2-5）。

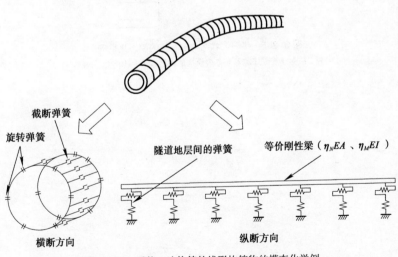

图 3-2-4 盾构工法构筑的线形构筑物的模态化举例

　　不仅是线状构筑物，平面构筑物、纵向洞状结构的地下构筑物也是以长大、规模大为特色，为此，通常对这些构筑物简捷性、横断方向、纵断方向以及水平方向与垂直方向分别模态化，进行结构解析。

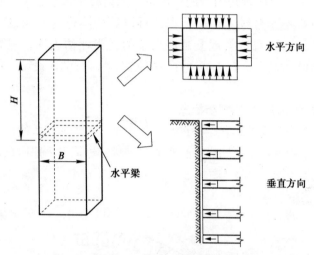

图 3-2-5　纵向洞状结构构筑物的模态化举例
（引自：長尚「基礎知識としての構造信頼性設計」山海堂、1995.4）

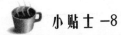 **小贴士 -8**

地上土地利用及其整合

说是地下构筑物，其实离不开竖井、斜井等与地上连通的构筑物，即便不需要上下连通构筑物的地铁站与站之间的隧道等但也承受着地上建筑物的荷载。所以，设计者头脑中要保持地面土地利用状况这一概念，这是地下构筑物设计中很重要的一环。

首先来看一看地铁站房的设计，站房设计从决定建筑物的形状及其建筑工法开始，但是选在什么位置更便于设置地面出入口，有时出入口要先于站房位置的选取，还有通风井设在什么位置更妥当等都很重要，需充分讨论研究，而出入口部位等，还要考虑站房所占的地面、侧墙所设开口部位，这些开口部位四周都需要增加补强梁、柱，为土压、水压等提供一般性的支撑，若不认真考虑地面建筑一味设计下去，不是顶棚过低，就是柱子设置得太密，如果与电梯、自动扶梯入口靠得太近，还会阻碍人流的正常移动，这些设计上的随意性都会造成败笔。

接下来还有站区盾构隧道的设计问题。假设盾构在一座RC的10层建筑物附近掘进，这时，作为上荷载一般就要考虑按 $10 \times 20 = 200 \text{kN/m}^2$ 来设计，可是，仅凭这一思路考虑得并不充分。由周边地层允许支撑力决定的边界层数、由使用地区决定的限制层数、由日照规则决定的限制层数、由管片极限强度决定的层数等，都要研究相互关系，决定设计荷载这是很重要的内容，基于这一研究结果决定增加管片的强度、应对地上的权属划分做设置等。

如上述这些例子，地下构筑物的设计过程中，需要经常调查地上利用情况进行设计。

3.3 地下空间构筑技术

地下构筑物的结构形状有线状、平面状、纵向洞、球状和穹顶构筑物以及横洞状，还有一种为构筑物起引导作用的过渡性构筑物。这些构筑物中横洞型和过渡型构筑物已包括在线状和平面状当中，线状、平面状、纵向洞和其他形状的每种构筑物（球状和穹顶状）的构筑技术见表 3-3-1 所列。

表 3-3-1 结构形态及应用建筑技术

结构形状	主要建筑技术
线状构筑物	盾构工法 山地工法（NATM、板桩工法、TBM 工法） 开凿工法 推进工法
平面构筑物	盾构工法 山地工法（NATM、板桩工法、TBM 工法） 开凿工法
纵向洞构筑物	盾构工法 山地工法（NATM、板桩工法、TBM 工法） 开凿工法 沉箱工法 小型竖井工法
其他构筑物（球状和穹顶构筑物）	盾构工法 山地工法（NATM、板桩工法、TBM 工法）

3.3.1 线状构筑物

（1）盾构工法

盾构工法是用一种叫做盾构机的机械一边阻止泥沙崩塌一边向前掘进，设备内部同时又可以安全地进行衬砌的隧道建筑方法。盾构工法的分类见表 3-2-2 所列。

盾构技术迎合"施工、环境、必然性"或"时代要求"在日本得到了飞速发展。1997 年，穿越东京湾的公路开通，其盾构施工（泥水式）期间相继开发了大断面、长距离、应对海底高水压、两侧

表 3-3-2　盾构工法的分类

	概念	略图	掌子面稳固机构	掘进机构	渣土倒运机构	原理及特长
盾构工法（开放型）	手工掘进式		挡板、坑壁支撑、压气用空气压缩机	人力	泥沙倒运（传送带及弃渣车）	靠人力挖掘，用传送带向外倒运渣土。依土质情况，设置挡板或坑壁支撑稳固机构，水位高的地方还要采用压气用空压机
	半机械式掘进		挡板、坑壁支撑、压气用空气压缩机	人力+机械（旋转式挖掘器、电铲、反铲斗、螺旋输送带）	渣土倒运（传送带及弃渣车）	大部分掘进、装载使用动力机械。掌子面稳固机构和地下水对策与手工掘进式相同
	机械掘进		面板、轮盘	刀盘旋转、刀盘摇动	渣土倒运（传送带及弃渣车）	由刀盘机械式连续挖掘。要求掌子面基本自立
部分开放型	闭胸式盾构构		窄缝	推进	渣土倒运（传送带及弃渣车）、流体加压输送（传送传送带）	盾构的挡板部分密封。局部留有大小可调的渣土出口，通过调节排渣阻力达到掌子面的稳固。重要的是渣土应调整成塑性流动渣土
封闭型	土压式		（土压）挖掘渣土+面板、轮盘	刀盘旋转	渣土倒运（传送带及弃渣车）、流体加压输送（螺旋传送管道）	刀盘挖掘下来的渣土将掌子面与隔壁空间充满可稳固掌子面。重要的是渣土压力应随着盾构土的推进而变化，要的是渣土应成塑性流动渣土
			（泥加渣土）+面板、铲掘渣土+辅材+轮盘	刀盘旋转	渣土倒运（传送带及弃渣车）、流体加压输送（螺旋传送带及管道）	可以利用添加剂促进渣土的塑性流动。稳固机构同土压盾构，由于增加了泥化过程，使适用的土质范围更广泛
	泥水式		泥水+面板、泥水+轮盘	刀盘旋转	流体加压输送（泵及管道）	泥水带来的一定压力有助于掌子面的稳固，泥水的循环与挖掘的渣土同时以流体形式加压输送。适用的土质范围与泥水式盾构大致相同

（引自：最新のシールドトンネル技術編集委員会編「ジオフロントを拓く最新のシールドトンネル技術」技術書院，1990.11, p.13, 栗原和夫編「現場で役立つシールド工事」出版科学総合研究所，1988.1, pp.24-25, などを参考に加筆）

93

于地下对接和管片自动组装等多项技术。还有很多其他盾构技术也完成了技术升级，比如，与椭圆形、矩形、复圆形特殊断面相关的对应、分支合流、扩径自动掘进管理等。盾构技术的准确性、安全性，成本方面目前仍在不断取得新的进展，盾构工法的技术分类和开发的主要工法见表3-3-3所列。

表3-3-3 盾构工法的技术分类和主要的工法名称

技术分类		主要工法名称
大断面	盾壳先行盾构法	MMST、环封法、MMB
大深度	隧道防水	环封盾构、注层工法、MIDT层工法
长距离	延长钻头使用寿命	高低差钻头、3D切削盾构
	钻头交换技术	复活钻头、轮盘回转换钻头、备用切削系统、牵引杆、库伦盾构、继动钻头、卷帘钻头、伸缩钻头
	尾部止水带更换、延长使用寿命	氨基甲酸酯止水、应急尾部止水
小曲率弯道、陡坡	小曲率弯道	充填式盾构小曲率弯道工法、3段式中间弯曲装置、刀盘屈折式中间弯曲装置、刀盘滑动式中间弯曲装置、刀盘自动超挖、螺旋隧道
	陡坡、轨道装置	齿条&小齿轮式、销齿条式、平环链式
地下对接	机械式地下对接	MSD、CID、DKT
	地基改良并用的非机械式	冻结工法、高压喷射搅拌工法、药剂注入工法
地下扩充挖掘	断面可变盾构	扩充盾构工法、装拆式盾构工法、子母盾构工法、抱拢式泥水子母盾构工法、插入式扩径盾构工法、MMST、Wing plus工法、章鱼盾构工法、分支盾构工法、ES-J工法、地下拱券工法、M-ESS工法、VASARA盾构工法、新月工法、刷刷SCOOP工法、双喙（伯德）工法、用大径曲线钢管护顶大断面地下扩径非挖掘构筑工法、ZIP工法、结型束工法
分支、合流		球体盾构、分支（地下茎）、T-BOSS、H&V、挡板推压方式
高速施工	同时掘进技术	格构式同时施工、长行程千斤顶、P-NAVI、SC盾构
断面形状	复圆形	MP盾构、DOT
	非圆形	自由断面盾构、异型断面盾构、偏心多轴盾构、方形盾构OHM、箱形盾构、WAC工法、矩形盾构工法、PLANETARY、翼盾构

技术分类		主要工法名称
出发、到达技术	假墙切削	NOMST、SEW、NEFMAC、组合杆
	引入端	SPSS、ENT-P、止水管片
自动化技术	盾构施工综合管理系统	盾构掘进管理（掌子面的稳固、渣土的倒运、各设备的运行状况）系统、风道标志
	管片自动组装系统	管片自动组装系统
	自动倒运系统	自动倒运系统、冲浪
	盾构方向自动控制系统	盾构方向自动控制系统
	配管延长机械手	泥水盾构中的排放管路延长机械手
	故障诊断系统	盾构掘进管理、监视系统
	电池机车	伺服机车、加拿大铝车轮
	轮胎式	AGV
	竖井	超级齿条系统、管片传输轨道、管片升降机、竖井搬运系统、电梯系统
泥水材料、渣土处理技术	泥水处理	泥水关闭系统、高压薄层压滤机、泥水浓缩系统、真空压力机、超高压压滤机
	渣土处理	渣土处理系统、PT泥浆断流器
衬砌	接头种类、形状	薄型高强度管片、三明治型合成管片、矩形隧道用合成管片、NM管片、省却二次衬砌的延展性管片、环封工法用管片、混合集成衬板、麻面混凝土管片、混凝土填充钢质管片SSPC、DNA盾构用管片、导槽锁管片、叶片管片、蜂窝管片、CONEX-SYSTEM、螺旋管片、快速销接头管片、一次通过管片、AS管片、多叶片式接头管片、单管片、可调楔管片、环锁管片、KL管片、锥形连接管片、ERP-KEY接头管片、榫槽管片、HOT管片、嵌入接头拱券、嵌入接头NF型、CPI管片、P&PC管片、FBR管片、NRT管片、系杆拱券管片、离心紧固RC管片、快速流动混凝土管片、水平楔式管片、虹形管片、RAQDES、PCNet管片、CP管片、DRC管片、IT接缝管片、GT管片、滑道锁管片、紧凑盾构工法管片、自动卡紧管片、FAKT、BEST
其他	竖井基地	节省占地竖井系统

a）大断面技术

由于城市功能过度集中，道路、水库管等功能逐渐转移至地下空间，于是，对大断面地下构筑物的需求增加了。在介绍大断面技术的同时，对于功能上的需要，任意断面形状的构筑技术以及大深度、长距离掘进等特殊施工技术也一并在此作个介绍。

i）圆形大断面

1965 年代后期，营团 8 号线一部 ϕ11m 的手工掘进式盾构机上场了，此后，ϕ10m 以上的盾构机，例如在营团 7 号线的麻布工区使用的 ϕ14.18m 最大直径的盾构机，投入了 50 多部。圆形大断面盾构机如照片 3-3-1 所示。

照片 3-3-1　圆形大断面盾构机（穿越东京湾公路用的 ϕ14.14m）
（引自：西松建設㈱パンフレット　シールド工法・TBM 工法施工実績一覧表）

ii）矩形断面

矩形大断面隧道构筑技术中有一种 MMST(Multi-Micro Shield Tunnel) 工法，使用这种工法首先用多台盾构机的单机，先行开凿出隧道的外壳部分，然后再把它们相互连接起来。外壳部分构筑起来以后，挖掘内面的渣土，构筑成大断面隧道。MMST 工法的施工顺序如图 3-3-1 所示。

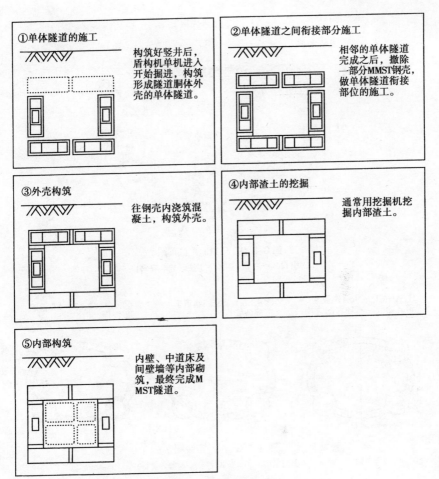

图 3-3-1　MMST 施工顺序

（引自：首都高速道路㈱「高速川崎縦貫線　MMST 工事」パンフレット）

ⅲ）任意断面

　　从任意大断面构筑角度开发的技术有环封工法。其施工顺序为，首先，只对任意形状的外壳部分做环状先行挖掘，用管片构筑好外壳胴体后，挖掘里面的渣土，最终完成隧道的这样一种方法。盾构机外环与作业巷道形成一体向前掘进（图 3-3-2、图 3-3-3）。

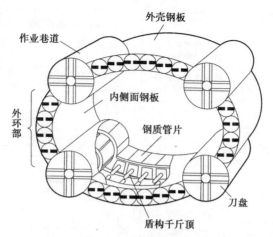

图 3-3-2　环封盾构机草图
（引自：リングシールド工法研究会資料）

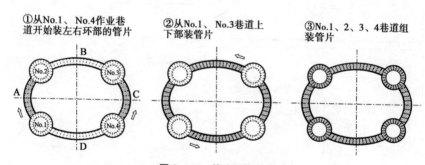

图 3-3-3　管片组装顺序
（引自：リングシールド工法研究会資料）

b）大深度技术

　　通常大深度地基中都会面临高水压这样的不利条件。为了应对水压就要在盾构机的尾部采取防水措施。近年来的实绩已到达相对于水深 100m 程度的水压。不仅隧道的施工，为了交工后构筑物的长期维护，管片的防漏技术也同样重要。近年来，针对这一问题开发的环封盾构工法如图 3-3-4 所示，管片整体完全由衬砌的防水层包覆起来，可用于构筑完全防水的盾构隧道，这种方法由防水层衬砌装置、栅栏机构和二次灌浆机构组成。

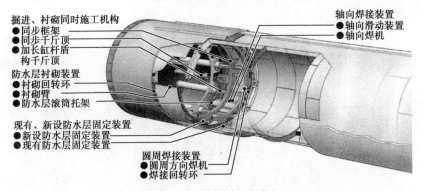

掘进、衬砌同时施工机构
●同步框架
●同步千斤顶
●加长缸杆盾
　构千斤顶
防水层衬砌装置
●衬砌回转环
●衬砌臂
●防水层滚筒托架

现有、新设防水层固定装置
●新设防水层固定装置
●现有防水层固定装置

轴向焊接装置
●轴向滑动装置
●轴向焊机

圆周焊接装置
●圆周方向焊机
●焊接回转环

图 3-3-4　环封盾构工法草图

（引自：ラッピング工法研究会パンフレット　Rapping Method　大成建設㈱）

c）长距离、高速施工技术

城市的高密度发展使得能作为盾构机的出发、到达基地的竖井设置场所越来越难以保证。因此，促成了拉长竖井间距离、延长施工和提高施工速度方面的技术开发。长距离施工的关键技术是如何延长切削钻头的使用寿命，改进更换技术，而高速施工技术则牵涉到盾构千斤顶动作的提速和管片的快速组装，以及盾构掘进与管片组装齐头并进的技术开发等。

这里介绍的是长距离施工技术中切削钻头更换技术——跟踪连杆工法和两个方向相对掘进盾构机在地下接合，实现长距离施工的MSD 工法。

ⅰ）切削钻头更换技术

采用切削钻头更换技术的跟踪连杆工法的概要如图 3-3-5 所示，这种工法在换切削钻头时可在盾构机里面进行。具体更换方法是，将由外环机构连接的钻头置于轮盘内面，随导轨的滑动把需要的钻头送到机内，新旧交换后再随导轨滑动回到原位。交换次数可一直到换完最外圈为止。

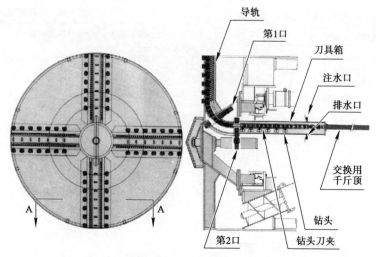

图 3-3-5 跟踪连杆工法
（引自：飛島建設㈱パンフレット トレール工法）

ii）盾构机接合技术

盾构机接合技术采用的 MSD 工法如图 3-3-6 所示，这种工法是将两台盾构机在地下机械性地正面接合的方法，成对制作的两台盾构机分为贯入环推出侧盾构机和接受侧盾构机。

推出侧盾构机其接合部位的结构件是一个筒形钢质贯入环，接受侧盾构机上内置有防水的受压胶圈。

d）可变断面技术

可变断面技术指下水管道越接近下游管径越粗，还有电力、电信隧道途中也有局部变大的砌块，以及地铁车站、站与站之间隧道的连续断面等场合所需要的断面变化的构筑技术。这里要介绍的是地铁站与站之间的隧道使用的装拆式盾构工法以及于中途分为几个盾构分支掘进的 H&V 盾构工法。

i）连续可变断面技术

连续可变断面技术中的装拆式盾构工法是用于地铁站与站之间构筑连续隧道的一种方法。如图 3-3-7 所示，施工由站间复线盾构机掘进、侧旁盾构机装机、三联装站区盾构机掘进、侧旁盾构机分离，接着再由站间复线盾构机掘进，这样的顺序进行。

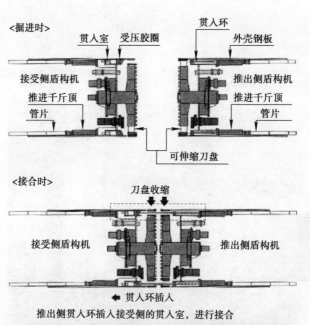

推出侧贯入环插入接受侧的贯入室，进行接合

图 3-3-6 MSD 工法
(引自：シールド工法技術協会パンフレット MSD 工法)

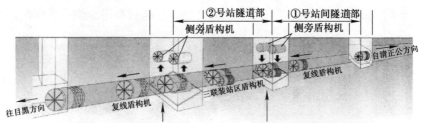

②号站隧道部

①号站间隧道部

侧旁盾构机

侧旁盾构机

自清正公方向

三联装站区盾构机

复线盾构机

复线盾构机

往目黑方向

由三联装站区盾构机拆出侧旁盾构机，
改造成复线盾构机

把侧旁盾构机装到复线盾构机上，
改造成三联装站区盾构机

图 3-3-7　装拆式盾构工法

（帝都高速度交通营团　地铁 7 号线　断面形状：宽 15.84m × 高 10.04m）

（引自：㈱熊谷組パンフレット　JV 熊谷組・青木建設共同企業体

地下鉄 7 号線（南北線）白金台二工区土木工事）

ii）分支隧道技术

分支隧道技术采用 H & V（Horizontal variation & Vertical variation）
工法。这种工法通过复数的圆形断面的组合，可构筑多种多样的隧
道断面，继续掘进还可以扭曲成螺旋状、分出单体隧道等，可按
隧道的布局条件、使用目的随意掘进。该掘进机的十字接合器机
构可以把复数的前部按各自不同方向从中间弯曲，变为各个盾构
机的掘进方向，以此赋予盾构机转弯的能力，还可以完成螺旋状

掘进。

螺旋状及分支隧道的概念草图如图 3-3-8 所示。

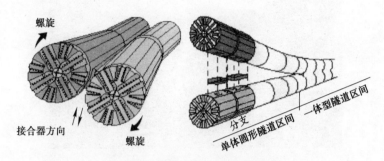

图 3-3-8 螺旋状及分支隧道的概念图
（引自：シールド工法技術協会パンフレット H&V シールド工法）

e）特殊断面形状技术

依照道路、铁路、共用沟、水渠等多种使用目的，最近的盾构工法又开发出复圆形、矩形等各种断面形状的掘进技术。复圆形盾构以圆形为基础，圆形所具有的力学优势赋予结构的稳定性是它的一大特色。

复圆形断面隧道的使用实例如图 3-3-9、照片 3-3-2 所示。

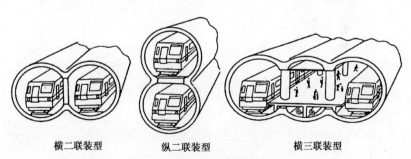

横二联装型　　　　纵二联装型　　　　横三联装型

图 3-3-9 复圆形断面隧道的应用实例
（引自：最新のシールドトンネル技術編集委員会編「ジオフロントを拓く
最新のシールドトンネル技術」技術書院、1990.11、p. 42）

照片 3-3-2　三联装 MF 盾构
（大阪市地铁商务园车站工程　断面形状：宽 17.3m× 高 7.8m）
（引自：日立造船㈱パンフレット　トンネル機械総合カタログ）

f）衬砌技术

在盾构工法的施工中，管片制作用掉全部工程费用的大部分，为了降低工程成本开始了管片大型化、形状合理化以及对接头构造的新一轮开发。而不用管片，改由盾构掘进后在现场浇筑管片，就地衬砌构筑，从而降低成本的 ECL 工法也在开发当中。下面介绍无螺栓管片和 ECL 工法。

ⅰ）无螺栓管片

砌筑隧道的管片历来都是采用螺栓连接方式，但是，随着近年来对自动化、低成本、快速化、大断面、异形断面、大荷载以及内水压等多种条件要求，又开发出新型管片。尤其是为了迎合管片组装自动化、快速化的需要，还有针对性地开发了嵌合接头、楔形接头、销接头、混凝土对接接头等众多新手段。

这里，介绍其中的一种，组装管片滑块时的滑块锁接头。如图 3-3-10 所示。

ⅱ）ECL 工法（Extruded Concrete Lining）

取代以往的管片的 ECL 工法，是一种在盾构尾部浇筑混凝土，进行衬砌的方法，也叫现场衬砌工法。ECL 不论城市、山区都可以

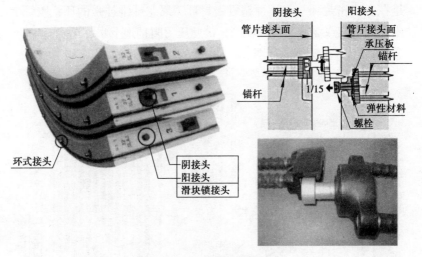

图 3-3-10 滑块锁接头概要

(引自：東京地下鉄㈱、メトロ開発㈱、西松建設㈱パンフレット　スライドロック継手)

使用，日本 ECL 工法的开发始于 1980 年代，在适合城市隧道条件的场所使用现场浇筑混凝土、加钢筋等补强的方法。

g）便于出发、到达的新技术

随着多种多样盾构工法的开发，出发、到达技术也相继涌现出来。有关无须做镜切（指垂放到竖井中的盾构机在开始掘进之前，从井壁上切割出掘进入口的工作，译注），由盾构机直接在井壁上切出掘进起点的 NOMST 工法和入口技术的 SPSS 工法作如下介绍。

ⅰ）井壁切割技术

在井壁切割技术采用的 NOMST 工法（Novel Material Shield-cuttable Tunnel wall）中，把盾构机将穿过部分改用一种新混凝土（用碳素纤维、芳香族聚酰胺纤维等纤维强化树脂代替钢筋、以石灰石为粗骨料的混凝土）砌筑成挡土墙，盾构机直接对其展开切割，进而开始向前掘进或到达前方竖井的这样一种工法，概略图如图 3-3-11 所示。

ⅱ）入口技术

入口技术中采用的 SPSS 工法（Super Packing Safety System）就

是在入口密封环————一种超级密封环（尼龙纤维补强的环状胶管）中充入空气或泥水，使其膨胀，借此压力阻挡地下水、泥浆流入的工法。SPSS 工法概要如图 3-3-12 所示。

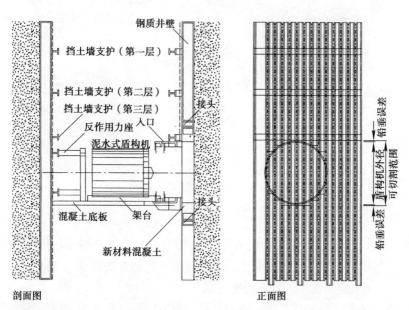

钢质井壁

挡土墙支护（第一层）

挡土墙支护（第二层）

挡土墙支护（第三层）

反作用力座　入口

泥水式盾构机

接头

混凝土底板　　架台

接头

新材料混凝土

剖面图

正面图

铅垂误差

盾构机外径

可切割范围

铅垂误差

图 3-3-11　NOMST 工法概要

（引自：NOMST 研究会パンフレット　NOMST）

①装好的超级密封环膨胀后，盾构机开始切割钢纤维的混凝土井壁

钢纤维混凝土

超级密封环

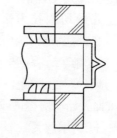

②直接向岩（土）体中掘进

图 3-3-12　SPSS 工法概要

（引自：SPSS&SPEED 工法研究会パンフレット　SPSS）

小贴士 -9

刀盘面板

　　像穿越东京湾隧道那样的盾构机，在海底正面接合时，剩下的外壳留在里面会影响竣工后的正常使用，需拆解，可是，英法海底隧道（全长 50km，海底 38km）的地下却没有正面接合而是上下相互交错。

　　先一步到达预定位置的法国一侧的盾构机拆解后留下了机身外壳，后赶到的英国一侧的盾构机于法方到达位置的下面，只是相对距离上碰头了，却不在同一平面，它并未拆解而是就地灌注了水泥，由 NATM 做扩展切割后实现与法方一侧的对接，最后完成隧道的贯通。

　　采用这一方式接合有如下一些理由：

·法国一侧的刀盘面板要作为纪念保留。

·英国一侧将盾构机永世埋藏于地下。

·只需拆解一台盾构机，与正面接合相比可缩短工期。

　　1994 年 2 月 26 日，在英法海底隧道竣工仪式上，盾构工法的创始人普伦尼尔的扮演者登台致贺词，当时的报纸也报道了这一盛况。

　　日本也同样，穿越东京湾和首都圈外环排水工程用的盾构机刀盘面板也如照片所示，作为历史纪念保存了起来。

照片　英法海底隧道所用盾构机的刀盘面板的纪念陈列（引自川崎重工㈱パンフレット英仏海峡海底鉄道トンネルプロジェクトトンネル掘削機「TBM」）

照片　穿越东京湾的海底隧道用过的盾构机刀盘面板，由澄川喜一按原形尺寸（直径 14.14m，切削钻头为原物）制成了雕塑作品（穿越东京湾公路（株）提供）

照片　从首都圈外环排水工程（龙 Q 馆）撤出的刀盘面板被制作成一座景观钟的表盘（直径 12.04m，与盾构机相同，切削钻头 688 个）

（2）山地工法

山地工法大致可分为 NATM、板桩工法及 TBM 工法（Tunnel Boring Machine）三种，目前日本采用的是标准山地工法 NATM。这些山地工法在挖掘方法与岩体支护设计概念上各有不同。

NATM 和板桩工法的掘进方式，遇坚硬山岩时进行爆破，一般山岩利用履带式转刀掘进机等机械，而 TBM 工法则全断面采用掘进机。对岩体的支护分为采用锚杆加喷射混凝土为主支护材的 NATM，以及承受岩体荷载、由刚性支护装置支撑的板桩工法这两种方式，但 TBM 工法采用哪一种支护结构都可以。下面介绍 NATM、TBM 工法以及与 NATM 辅助工法相关的技术。

a）NATM（New Austrian Tunneling Method）

NATM 的一大要素是岩体的独立性，但是，如果频繁出现涌水，支护材的锚杆固着力就会降低，喷射的混凝土也容易脱落，因此，往往将降低地下水位和防水注入两者并用。

图 3-3-13 为支护装置的草图，图 3-3-14 为施工顺序。

b）TBM 工法（Tunnel Boring Machine）

TBM 工法是使用机械控制挖掘的全断面掘进机工法。这种工法大致可分为开放型和盾构型两种类型，岩体条件较好时用开放型，条件较差时适用盾构型。照片 3-3-3 为开放型 TBM 实例。

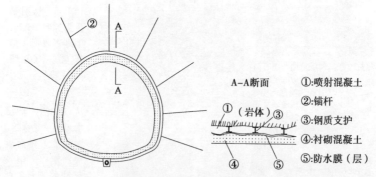

图 3-3-13　支护装置草图

（引自：㈶エンジニアリング振興協会「『地下空間』利用ガイドブック」
清文社、1994.10、p. 238）

①挖掘

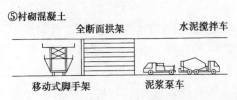

液压重型挖掘机

用液压挖掘机打孔、爆破作业

②倒运渣土
反铲装载机　　　　　　　　　高程测量车

铲车　　　自卸卡车

③喷射混凝土
喷射机械手

喷射机　水泥搅拌车

④锚杆

液压挖掘机装锚杆

⑤衬砌混凝土
全断面拱架　　　　水泥搅拌车

移动式脚手架　　　泥浆泵车

图 3-3-14　施工顺序
(引自：㈶エンジニアリング振興協会「『地下空間』利用ガイドブック」
清文社、1994.10、p.239)

照片 3-3-3　开放型 TBM
(引自：西松建設㈱パンフレット　シールド工法・TBM 工法施工実績一覧表)

TBM 工法的首次应用是 1881 年英法多佛海峡试验挖掘的海底隧道（直径 2.1m），英国一侧挖掘了 800m，法国一侧 2500m，后来到了 1952 年，美国罗宾斯公司将牵拉钻头和圆盘切割机组合成 TBM，在页岩层成功开凿出直径 8m 的排水隧道。至此，TBM 工法与盾构工法的差距越来越小了，TBM 工法被誉为"掌子面以独立岩体为对象，无须防护土压、水压的掌子面支撑机构，其主要掘进反作用力来自撑靴"。

c）NATM 中的辅助工法

NATM 中常用的支护模式有，在不考虑掌子面稳固的情况下，有前方先受工法或采取镶板补强的措施；为了减少地基变动、对附近建筑物等周边环境的影响还可以采取针对地下水位和岩体补强等方面的措施。这里将介绍前方先受工法中的前钻工法和加长钢管前方打桩工法、缝隙混凝土工法 [17] 等各种工法。

i）前钻工法和加长钢管前方打桩工法 [18]

前钻工法首先用不足 5m 长的螺栓或钢管打桩，然后水泥灌浆，而且打桩的同时要注入药液等以求岩体稳固；加长钢管前方打桩工法是沿着掘进断面外圈把钢管按一定间隔打入用来补强不稳固的岩体，并且在钢管周围向岩体注入药液等以求岩体的稳固。

图 3-3-15 为前钻工法施工实例，图 3-3-16 为加长钢管前方打桩工法的施工实例。

ii）缝隙混凝土工法

缝隙混凝土工法就是给挖掘做导向隧道的掌子面前面岩体浇筑拱壳混凝土（缝隙混凝土），以求掌子面稳固，从而实现抑制沉降，

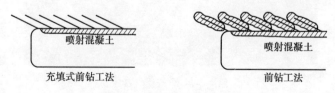

图 3-3-15　前钻工法施工实例

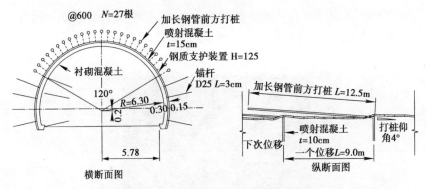

图 3-3-16　加长钢管前方打桩工法施工实例

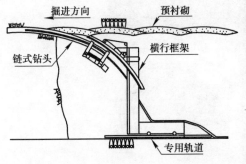

（引自：「土木工法事典改訂Ⅴ」産業調査会、2001.9、p.609）

（引自：(株)間組パンフレットNew PLS工法）

图 3-3-17　使用链式钻头的预衬砌专用机实例

有效挖掘的目标。一般缝隙混凝土厚度为 15～50cm，前方先受工法长约 5m。挖掘方式用链式钻头和多轴螺旋钻，不过都是专项开发的掘进机（New PLS 机、PASS 工法等）。使用链式钻头的预衬砌专用机的实例如图 3-3-17 所示。

iii）以钢管做支护装置的工法

以钢管做支护装置的工法作为大断面隧道的辅助工法可以缩短工期，降低施工费用，这方面的实绩有 PSS-Arch（预支撑装置拱券）工法、WBR（Whale Bone-Roof）工法和 SBR（Sardine Bone Roof）工法。

111

　　PSS–Arch 工法的概要如图 3–3–18、照片 3–3–4 所示，WBR
工法及 SBR 工法的概要如图 3–3–19～图 3–3–21 所示。

图 3–3–18　PSS–Arch（预支撑装置拱券）工法的概要
（引自：㈱熊谷組パンフレット　プレ・サポーティング・システム　アーチ工法）

照片 3–3–4　钢管推进状况
（引自：㈱熊谷組パンフレット　プレ・サポーティング・システム　アーチ工法）

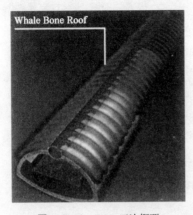

图 3-3-19 WBR 工法概要
(引自：ジェオフロンテ研究会 WBR&
SBR 工法分科会 WBR 技术资料、
2002.11、p.1)

图 3-3-20 SBR 工法概要
(引自：ジェオフロンテ研究会 WBR&SBR 工
法分科会 SBR 技术资料、2003.12、
p.1)

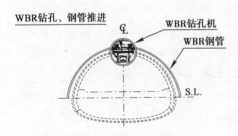

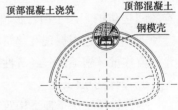

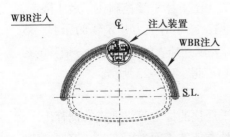

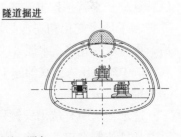

图 3-3-21 WBR 工法施工顺序
(引自：ジェオフロンテ研究会 WBR&SBR 工法分科会 WBR 技术资料、2002.11、p.1)

113

（3）开凿工法[19]

开凿工法要开挖到挡土墙坐落的地表面所定的深度，然后现场浇筑混凝土，构筑好壳体后，上部空间回填，地下部分开始构筑物施工的这样一种工法。隧道构筑物是否采用开凿工法，由施工中的地上部分还能不能利用、掘进深度带来的经济性等相关问题来决定。这里将要介绍的是挡土墙、托换基础工法和钢管护顶工法。

a）挡土墙

依地基情况、布局条件等不同，挡土墙种类、施工方法、支护方式等也多种多样，表 3-3-4 是挡土墙的分类及概要。

b）托换基础工法

托换基础工法即构筑地下构筑物时，对其上方原有建筑物基础进行托换、加固、防护，按现有及新设建筑物结构形式、施工方法、规模、隔离、作业空间等进行分类。具有代表性的方法有：为现有建筑物托换另外基础的直接防护法（垂直桩工法、底撑梁工法、加固梁工法、沟槽工法、耐压板工法）和减少对现有建筑物影响的间接防护工法（钢管护顶工法、地基改良工法）。在各工法的选择上，重点是根据现有建筑物的结构形式、使用状况，充分考虑允许位移量、施工性、经济性、工期等问题。

c）钢管护顶工法[19]

钢管护顶工法是地下构筑物施工的辅助工法，就是沿着先行挖掘出的断面外周，按一定间隔插入钢管，用这些钢管形成护顶的工法。这样一来就把挖掘造成的岩（土）体松缓控制在了最小限度，并抑制了地表变化和泥沙的坍塌，减小对上方建筑物的影响。然后，再将水泥乳浆、水泥砂浆等充填到插入的钢管里面。钢管的插入方法中螺旋压入方式的施工实例如图 3-3-22 所示。

（4）推进工法[20]

推进工法中有从出发侧靠千斤顶的推力等将现成的钢管压入，以及从到达侧牵拉的方法，其种类依掌子面稳固方法、挖掘方法、推力传递方法、渣土倒运方法的不同而多种多样，表 3-3-5 是一般推进工法的分类。

表3-3-4　挡土墙的分类及概要

	I．板桩方式		II．排桩式连续墙			III．地下连续墙	
	主横板桩墙	钢板桩墙 / 钢管板桩墙	砂浆排桩墙	水泥稳定土排桩墙	泥水固化墙	RC地下连续墙	钢质地下连续墙
工法概略图	I　I	（钢板桩墙 / 钢管板桩墙 示意图）	（砂浆排桩墙 示意图）	（水泥稳定土排桩墙 示意图）	I I I I I	（RC地下连续墙 示意图）	（钢质地下连续墙 示意图）
工法概要	于地下按1~2m间间隔设置H槽钢型主桩,随着下部掘进的前移将主桩间插入挡土墙	钢板桩或钢管桩的接头以用咬合方式,干地下连续构筑	在以砂浆置换现有地基的柱体上,再将型钢等芯材插入型钢等芯材,地下连续构筑(通常用短轴同心麻花钻施工)	水泥乳浆搅拌在地基上混合成柱体,再将型钢等芯材插入土里面,在地下连续筑(通常用短轴三轴麻花钻施工)	使用稳定液等插入挖掘,板桩等挖掘出的沟壁中,经稳定液直接固化或稳定液置换构筑或前连续构筑	使用稳定液在挖出的沟壁上打入钢筋网,并在该部位灌入土混凝土连续构筑	使用稳定液在挖出的沟壁上插入钢材后,稳定液中灌入混凝土。或者以钢材连续构筑为芯材连续筑水泥稳定土排桩墙
打桩、开凿方法		·直接打桩 ·静压压入 ·麻花钻用等	·麻花钻钻开孔 ·拖缆落锤开孔 ·回旋钻头开孔	·高压喷射开孔 ·麻花钻搅拌方式	·铲斗式 ·回转式(垂直多轴回旋搅拌方式) ·麻花钻搅拌方式	同左。通过掘进机选择,硬质地层,砾石排桩式比其他排桩工式更适用	依采用的左侧所述方法(水泥稳定土排桩墙、泥水固化墙、RC地下连续墙)的不同而有区别
关于土质	适用于N值最适合N值30左右的坚实地层以下的地层,隔水性好的松软地层也可以用。地下水位高的地层难以施工,需如有大直径的岩块等障碍物很难打钢板桩。钢管桩通常采用中间开凿工法,先行开凿方式,近年来又采用液压压力机方式		从松软地层到砾质软地层各种土质都可以使用。有大直径的岩块等大直径的岩块的土质或岩(土)体中主要岩质开孔困难,自立性	同左	同左。通过掘进机选择,机质的选择,砾石质土比其他排桩工式比连续墙工法更适用	同左。通过掘进机的选择,硬质地层,砾石地层比其他排桩工式层比连续墙工法更适用	依采用的左侧所述(水泥稳定土排桩墙、泥水固化墙、RC地下连续墙)的不同而有区别

续表

		I．板桩方式（板桩墙）		II．排桩式连续墙		III．地下连续墙		
		主横板桩墙	钢板桩墙	砂浆排桩墙	水泥稳定土排桩墙	泥水固化墙	RC 地下连续墙	钢质地下连续墙
关于地下水		无止水性	对止水挡土墙有效	用相邻桩体遮挡重叠，作为止水性挡土墙有效	作为止水性挡土墙有效	作为止水挡土墙有效	作为止水性挡土墙有效	作为止水性挡土墙有效
适用深度		挖掘深度 10m 左右	挖掘深度 10～15m 左右，钢管桩单管（12～15m 以内）连接起来可以达到更深深度，但对于硬质地基要靠打桩方式决定精度	钢板桩挖掘深度 30～40m 左右居多，比这更深也可以施工，但影响可钻孔精度以及主要插入精度	同左。做挡水墙用的墙体长度以 60m 为限，在芯材的插入上，影响孔口径及芯材插入精度，可靠范围在 40m 左右	掘进机如何选择对开孔本身没有影响，但太大的深度使得固化时间及强度很难调整，有时芯材的插入也很困难	通过掘进机的选择，可施工的墙体常长度在 150m 左右	芯材深度 100m 以内为一般范围
施工性		如果主桩打桩没有问题，施工性就很好	如果钢板桩打桩没有问题，施工性就很好。使用钢管桩时需要道路输运用小型机械，但占路不会很久	与墙体连续工法相比这种方法可使用小型机械设备	通常需要大型机械，因此施工场地要足够大	大致与 RC 大型连续墙工法类似，同样需要施工场地	需要大型机械设备与排桩工式连续墙相比要更大的施工场地	依所采用的左侧前述掘进方法（水泥稳定土排桩墙、RC 地下连续墙）的不同，需要场地大小也不一样

引自：平成 12 年度大深度地下利用に関する技術開発ビジョンの検討に関する調査（立坑の掘削技術部門），国土交通省，2001.3, pp.1-4）

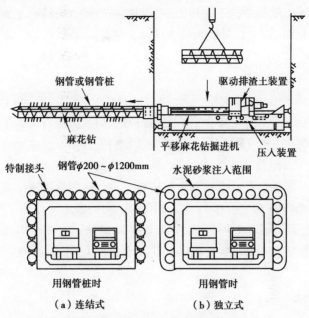

图 3-3-22 螺旋压入方式的施工实例
（引自：「土木工法事典改訂 V」産業調査会、2001.9、p. 608）

表 3-3-5 推进工法的分类

分类		挖掘、排渣方式
大中口径管推进工法，公称径 800～3000mm	开放型推进工法	切削刃式
	密闭型推进工法	泥浆式、土压式、厚泥式
小口径管推进工法，公称径 150～700mm	高承载力方式（高承载力管渠）	压入方式、麻花钻方式、泥浆方式、泥土压方式
	低承载力方式（低承载力管渠）	压入方式、麻花钻方式、泥浆方式、泥土压方式
	钢质套管方式（钢制管）	压入方式、麻花钻方式、泥浆方式、开孔方式（单层、双层套管方式）
特殊推进工法	长距离推进工法	
	曲线推进工法	
	箱体推进工法	ESA 工法、R&C 工法
	单体推进工法	URT 工法、PCR 工法、钢管护顶工法、NNCB 工法
	牵拉工法	顶特拉工法、R&C 工法、HEP&JES 工法

推进工法与盾构工法相比，也叫做小口径、短隧道工法，但延长米在 900m 以上，外径可达 3000mm 左右。

3.3.2 平面构筑物

建筑平面构筑物的工法如前所述有开凿工法、盾构工法、NATM 工法等，这里要介绍的是用斜向盾构工法建造大型平面构筑物的构筑法。施工顺序是盾构机沿竖井斜下方出发，水平通过平面空间后，再向斜上方掘进至到达侧。这种复数盾构隧道可以按井字形构筑，然后，在隧道内对地基进行改良，向周围扩展挖掘出平面空间。而斜井部分可作为通往平面构筑物的联络线使用。图 3-3-23 是利用盾构工法建造平面构筑物的构筑法示意图。斜向盾构的最大坡度实绩是 268‰（ϕ 5.8m 共用沟工程）。

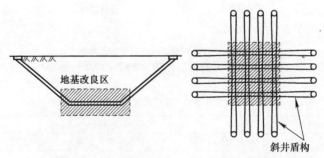

图 3-3-23　利用盾构工法建造平面构筑物的构筑法
(引自：小泉淳「大深度地下利用に関する技術の課題」土木学会論文集、No. 588／Ⅵ-38、1998.3、p. 3)

3.3.3 纵向成洞构筑物

纵向成洞构筑物的构筑工法有开凿工法、沉箱工法、盾构工法（球体盾构工法）或 NATM 工法等，这里将介绍的是沉箱工法和小型竖井工法。

（1）沉箱工法

沉箱工法是把事先制作好的箱筒放到施工部位，随着从箱筒里面不断挖掘、排出渣土，箱体逐渐下沉，再继续从上面浇筑把箱筒接长，这样浇筑、挖掘、下沉循环下去，就是构筑竖坑状构筑物的工法。依施工方式的不同，沉箱工法还可分为开式沉箱工法和气动沉箱工法两种类型。

气动沉箱工法的箱筒里面设有挖掘室，利用压缩空气顶住底部的土压、水压，这样的挖掘方式是气动沉箱的一大特色。日本最早的开式沉箱工法用于1879年建造的国铁鸭川桥，而气动沉箱工法是19世纪后期，从法国、英国、美国等国外引进的技术。以此为契机，被1923年关东大地震摧毁的东京墨田川上永代桥、清州桥、言问桥等几座桥梁重建中的桥墩基础采用的都是这种气动沉箱工法。由于气动沉箱工法是在压缩空气中作业，为此开发了适应这种作业环境的自动化气动沉箱工法。如今，适用于构筑物基础施工的沉箱工法，经大型化改进已经开始用于纵向成洞地下空间的构筑工程。

（2）小型竖井工法

建造小型纵向成洞构筑物可使用小型竖井工法。小型竖井施工方法是用钢质沉箱、混凝土沉箱箱筒，凭借专用机械旋转压入，或只利用简易的自重压入装置沉降的方法。图3-3-24是钢质沉箱方式的施工顺序。

3.3.4　其他构筑物（球状及穹顶状构筑物）[21]

空洞构筑物可考虑采用开凿工法、非开凿的盾构工法以及NATM工法。这里要介绍的是盾构与NATM并用的地中穹顶工法。

这种工法是经过原通商产业省（现经济产业省）产业科学技术研究开发制度"大深度地下空间开发技术的研究开发"实验验证过的工法。

构筑构思基于超过50m的大深度、直径50m的大型地下空间。

施工方法是在穹顶本体挖掘之前，先通过螺旋隧道的环效果和FRP锚杆对地基做强化处理，穹顶挖掘和衬砌通过遥控在泥水中进行。

图3-3-25为地中穹顶工法的施工顺序。

①设置摇动压入机、挖掘机

自行走至竖井位置后定位，用支撑架找水平，装好配重。

②摇动压入机、挖掘、装盾壳

先把盾壳摇动压入。如果处于地下水地基要边注水边水中挖掘（以便平衡地下水水压）。

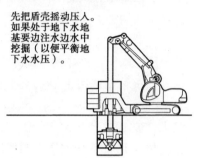

a 摇动压入机　　b 挖掘机

③浇筑混凝土地基，抽出盾壳

浇筑混凝土地基后，把盾壳拉至预定位置。撤除安装用盾壳及摇动压入机。

④竖井完成

排水、清理泥沙，竖井完成。

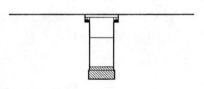

图 3-3-24　钢质沉箱方式的施工顺序

(引自:「土木工法事典改訂Ⅴ」産業調査会、2001.9、p. 694)

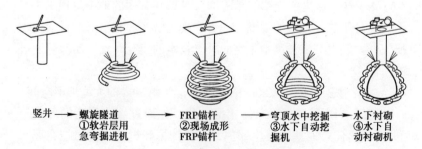

竖井 → 螺旋隧道　①软岩层用急弯掘进机 → FRP锚杆　②现场成形FRP锚杆 → 穹顶水中挖掘　③水下自动挖掘机 → 水下衬砌　④水下自动衬砌机

图 3-3-25　地中穹顶工法的施工顺序

3.3.5　周边关联技术

在地下空间构筑的基础上，在前面讲过的工法之外还有各种辅助技术，下面介绍这些辅助技术。

（1）地基改良技术

地基改良技术是为了增强岩（土）体强度，提高防水性并降低水位。这些辅助技术要根据岩（土）体条件、周围环境决定地上还是井下施工。表 3-3-6 列举了适合各种深度的地基改良方法。

表 3-3-6　不同深度的地基改良方法分类

深度（m）	改良原理	工法名称
地表处理 GL～-2	排水	挖掘开沟、集水坑排水、井点
	紧固	辊子、振捣棒
	置换	挖掘置换、粒度调整、挤压置换
	固化	水泥稳定土、砂浆稳定土、药剂固化井管
表层处理 -2～-10	排水	砂层排水、砂砾排水、深层排水、井点
	紧固	压砂、振捣棒、
	置换	挖掘置换、压砂
	固化	砂浆稳定土、药剂固化井管
	地下构筑物	钢板桩、连续墙
	荷载	缓速填土、镇压填土、填土预压
上层处理 -10～-30	排水	竖向排水、超级井点、深层排水、砂砾排水
	紧固	振捣棒、振浮压实法
	置换	压砂、柱管喷射
	热处理	冻结工法
	固化	药剂桩、SMW、CCP、DJM、注入水泥、注入药液
	地下构筑物	钢板桩、连续墙
	荷载	填土预压
深部处理 -30～-50	排水	深层排水
	置换	柱管喷射
	热处理	冻结工法
	固化	CDM、CCP、DJM、注入水泥、注入药液
	地下构筑物	连续墙工法的应用
超深度处理 -50～	排水	应用
	置换	柱管喷射
	热处理	冻结工法
	固化	注入药液
	地下构筑物	连续墙工法的应用

（引自：平冈成明・平井秀典编「大地を蘇らせる地盘改良」山海堂、1994.8、p.123)

（2）挖掘渣土倒运技术

挖掘渣土的倒运是地下空间构筑施工过程中的一个重要环节，表 3-3-7 所显示的是隧道工法及与其对应的倒运方法。

表 3-3-7　隧道工法与倒运方法的多种组合

隧道工法		倒运方式
NATM		传送带 自卸卡车 弃渣车
盾构工法	泥水式	流体输送
	土压式 封闭式	传送带 弃渣车 土砂加压输送 装罐输送 迟滞传送带（垂直方向） 螺旋传送带（垂直方向）
	手工方式 机械挖掘 半机械挖掘	传送带 弃渣车 装罐输送 风动输送 垂直传送带（垂直方向） 螺旋传送带（垂直方向）
TBM 工法		传送带 弃渣车 装罐输送
ECL 工法		同盾构工法
推进工法		同盾构工法
开凿工法	水平方向	推土机 传送带 自卸卡车
	垂直方向	垂直传送带 螺旋传送带 蛤壳式拉斗 反铲斗

3.4　维护技术

与地上建筑物相比，地下构筑物受自然灾害等外界影响要小得多，耐久性上有一定优势，但是，经年累月以及环境变化难免劣化、受损，功能低下。所以，与地上建筑物同样需要通过修补、补强维持其耐久力及功能的发挥，可见维护是很重要的一环。依场合不同，应跟上社会形势的变化，具有符合新形势功能的构筑物需要重新构筑。

维护包括对调查、诊断、更新及其相关的一系列过程的管理（图 3-4-1）。通过调查可以把握以往维护记录、当前结构物处于什

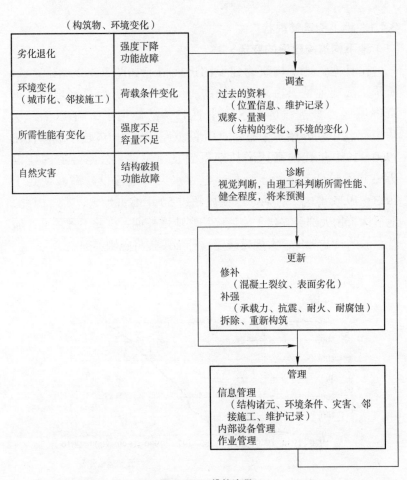

图 3-4-1 维护流程

么状态，伴随这些调查结果，功能的确认、健全程度的评估以及对将来的预测等都可以进行了。作为应对方法可实施修补、补强、拆除或重新构筑等。

地下构筑物的解体、拆除要比地上建筑物困难得多，重新构筑既需要加大投资，又需要时间。所以，对地下构筑物的维护技术有相当高的要求，同时，通过缜密的维护还需要有目的地对构筑物进行管理。

3.4.1　地下构筑物现状

（1）地下构筑物建设的变迁

在日本，地下构筑物建设的进展情况如图 3-4-2～图 3-4-4 所示。战前地铁只占总延长线的 3%，1960 年开始急剧增长；东京都城区部分敷设的下水道中有 13% 已使用了 50 年以上，从 1950 年代中期开始集中整备；JR 的铁路隧道约 1/4 建于战前，在 1960～1980 年代的高速增长期得到飞速发展。公路隧道的建设历史并不长，基本始于战后。电力水渠隧道建设的高峰期处于 1913～1925 年这个时期，已使用超过 50 年的占半数以上。因此，地下构筑物大部分兴建于战后经济高速增长期。由此不难预见，随着它们的日益劣化，大规模修建、补强工程将急剧增加。

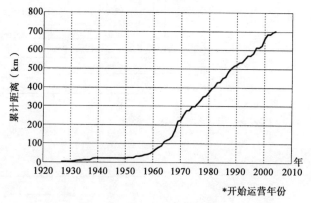

图 3-4-2　地铁建设的发展（截至 2004 年 5 月）

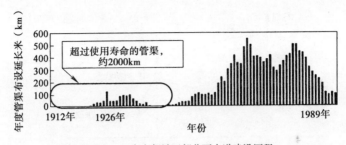

图 3-4-3 东京都城区部分下水道建设历程

（引自：平成 17 年度 国土技術政策総合研究所講演会講演集）

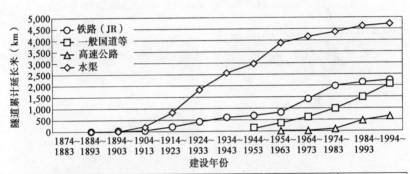

图 3-4-4 铁路、公路、水渠的建设历程及资产变化

（引自：土木学会「トンネル変状のメカニズム」2003.9）

（2）地下构筑物的完好性

地下构筑物基本上都是钢筋水泥结构，其法定耐用年限为 50~60 年，另外，物理寿命还受构筑物施工状况及周围环境的影响。地下构筑物的完好性概念如图 3-4-5 所示。

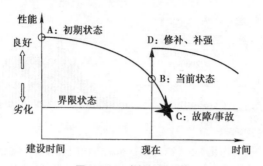

图 3-4-5　完好性概念图
（引自：亀村勝美「地下構造物の維持管理」土木学会誌、2002.8）

照片 3-4-1　海底隧道因盐蚀而劣化的实例（大塚孝义提供）

　　建筑当时达到所要求的性能的构筑物，随时间推移这些性能会削弱，显示这种性能削弱状况的劣化曲线受构成构筑物的材料性能、使用条件左右，使用耐久性好的材料会减缓劣化进程，处于使用条件差的严酷场合劣化过程会加快。

　　例如照片 3-4-1 显示的就是海底隧道的 RC 管片劣化的状况。投入使用仅仅 9 年时间，受含盐分、漏水的影响已开始劣化变质[22]。

3.4.2 调查技术

对地下构筑物的维护首先要通过观察、量测把握构筑物及其周边环境的状态。这里就以隧道为例，以构筑物异常的产生原因，与调查相关的传感器检测技术，解析、处理技术为主作如下介绍。

（1）构筑物及其周边环境的异常

a）构筑物的异常

地下构筑物使用的材料主要是混凝土和钢材，随着材料自身的劣化以及荷载、周边地基的状态变化，构筑物也在发生变化。

i）材料劣化

表3-4-1显示混凝土材料劣化的概要。混凝土的劣化、裂纹使里面的钢筋伴生锈蚀，由此导致构筑物的功能低下。

表3-4-1 混凝土材料劣化示例

名称	原因	现象	对结构的影响
盐害	含盐地下水的浸入、使用了海砂及含氯离子的混合剂。	氯离子渗透到混凝土内部，当混凝土中的钢筋超过一定量时会破坏纯性保护膜，通过水和空气作用使钢材出现锈蚀。	随着锈蚀的发生，混凝土中钢材断面缩小，导致强度下降，出现裂纹。而这些裂纹又进一步降低钢材的耐蚀性。
中性化	空气中的二氧化碳。	混凝土中的氢氧化钙逐渐变成碳酸钙，会降低混凝土的碱性。混凝土中性化以后里面钢筋的纯性保护膜就会被破坏，再加上水和空气的作用使钢材出现锈蚀。	随着锈蚀的发生，混凝土中钢材断面缩小，导致强度下降，出现裂纹。而这些裂纹又进一步降低钢材的耐蚀性。
冻害	冻结融解作用。	混凝土中水分的冻结膨胀，反复出现这种现象混凝土的组织就会脆化。*由于地下有较强的恒温性，很难发生冻害。	裂纹、氧化皮等导致混凝土表面劣化。
骨料碱性反应	骨料中的活性二氧化硅。	活性二氧化硅和存在于混凝土膜孔溶液中的碱性溶液发生化学反应。结果生成的碱性·硅胶吸水而膨胀。	混凝土出现裂纹。
化学腐蚀	氧化物、硫化物离子。	与混凝土中的氧化物、硫化物离子接触会促成中性化，接着硬化体发生分解，生成化学物质时引起膨胀压。	混凝土表面劣化，出现裂纹。

ii）外部环境变动及结构出现异常

作用于构筑物的荷载、周围地基状况的变化导致结构性异常的发生，以下列举其原因。

①地上、地下新增加的建筑物导致荷载、地基反作用力的变动

地上、地下构筑物的增加加大了上部荷载。如果处于大深度受地上影响会小一些，但是，在支撑层上打桩时，受到的是垂直方向的荷载。而随着上方的挖掘荷载会减少，于是往往会发生上浮。另外，增设的侧向地下构筑物等，还使得一侧的土压、地基的反作用力减小（图 3-4-6）。

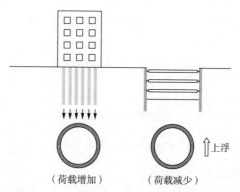

图 3-4-6　新增加的构筑物引起荷载变化的概念图

②地下水位变动

自 1960 年代前期开始限制抽取地下水以来，大城市的地面沉降状态正在扭转，但是，地下水抽取量的减少又造成地下水位的上升，1990 年代以后，又出现了地下构筑物渗水，以及构筑物自身上浮这些新问题。其原因在于作这些设施的计划、设计及施工时是以当时的地下水位为基准，后来地下水压力的上升及浮力的增加导致这些现象发生。

③近距离施工的影响

在地基改良、盾构机的推力的影响下，荷载增加所产生的作用，另外受开凿工法、盾构工法、NATM 等挖掘施工的影响，地基

会发生缓慢的位移。

④材料劣化造成构筑物的强度、刚性下降

随着材料劣化造成的强度降低，部件、材料的刚性也跟着下降，出现严重变形。

⑤其他

在水渠隧道方面，构筑物断面会因水的摩擦使构筑物断面逐渐缩小，公路隧道中的撞车事故也会造成损伤。地下很难受到地震的影响，但是，松软地基上位移很大，往往导致构筑物发生异常情况。

b）周边环境的异常

城市里的地下构筑物所处位置往往低于地下水位，接合部位及混凝土的裂纹处会向构筑物内部渗水，相反，水渠隧道、地下贮水设施则向外渗水。还有一些大规模的地下构筑物会导致地下水的动态变化乃至阻断其正常流动。如图 3-4-7 所示，作设计计划时要充分考虑对周边环境的影响以免出现问题。

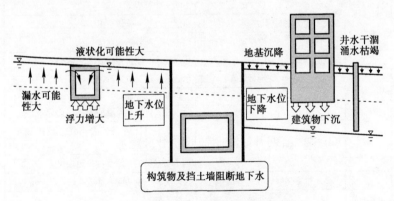

图 3-4-7　阻断地下水对周边环境的影响实例

（2）调查方法

对材料劣化、构筑物与周边环境异常的调查方法有外观检查、非破坏性检查、局部破坏性检查、位移计测等，表 3-4-2 所列内容为各种调查技术的开发与利用。

外观检查主要是进行日常点检，针对点检结果多实施非破坏性检查或局部破坏性检查。非破坏性检查和局部破坏性检查是对构筑物做维护期间非常有效的手段，而依具体情况适当使用多种方法做合理检查也很有必要。

对构筑物的位移量测，多用于对固结沉降等周边地基状态、近距离施工的影响方面的调查。

表 3-4-2　对构筑物及周边环境异常的调查方法实例

检查类别	量测项目		量测方法
外观检查	混凝土裂纹、表面剥离、钢材裂纹、锈蚀、漏水		目视检查
			拍照检查	CCD 照相、红外线照相、定点连续拍照、线扫描照相机
非破坏性检查	混凝土裂纹	裂纹的有无	敲击法、红外热像仪法、激光图像计测法、X 线摄像法、摄影图像再现处理法、导电涂料
		裂纹宽度	裂纹位移计
		裂纹深度	超声波回波法
		裂纹的发展	声学、放射法
	混凝土中的钢材锈蚀		自然电位法、分极电阻法、交流阻抗法
	混凝土内部检查	内部缺陷的有无	敲击法、红外热像仪法
		内部缺陷的大小	超声波法、撞击弹性波法、X 线透视摄像法
		钢材位置、外膜	电磁感应法、电磁雷达法
	混凝土推定强度		回跳硬度法、超声波速度法、复合法、针孔浸入法、机械交流阻抗法、人工成熟法
	钢材龟裂、缺陷	弹性波法	振动法、敲击法、超声波法、AE 法
		电磁波法	射线法、红外热像仪法
局部破坏检查	混凝土推定强度		拉伸法、小径钻取芯材法
	混凝土内部探伤	全面	钻取芯材
		中性化深度、氯离子量	钻屑 + 化学分析
位移量测	隧道的位移		光纤异常检测系统
	内部空间位移		激光测距仪、万向位移计
周边环境计测	检测构筑物往地基漏水		听音器、漏水探测仪、声学、放射法
	构筑物背面地基的空洞探测		弹性波探测

（3）监控系统实例

a）隧道劣化的非接触检查系统

对隧道表面裂纹、剥离、漏水等问题的检测通常通过徒步目视就可以完成，但是，由人工点检仅凭目视可觉察到的异常存在个人差异，还需要对隧道墙面作出全面点检和定量分析判断。所以，要对衬砌表面做扫描摄影，通过对扫描结果的摄影图像再现处理，开发将其制成异常展开图的系统。

测定时利用激光或数码相机两种方法，激光方法通过照射墙面的激光的反射光的强弱来表现衬砌表面的状况。

数码相机的方法是将拍摄到的画面做电子记录，用多部相机按两种方式进行连续拍摄，一种是区域扫描摄影，另一种是线扫描摄影。把量测仪器、数字处理装置搭载到车上，于行驶中连续测定，这些技术已经投入实际应用（照片 3-4-2）。

激光方式　　　　　　　　　　　　线扫描摄影方式

（（株）高速公路综合研究所提供）　　（（财）铁路综合研究所提供）

照片 3-4-2　隧道巡查车的实例

另外，还利用红外热像仪开发了一种检查系统，通过强制施加给混凝土的热负荷，检测出缺陷部位与正常部位的温度差[24]，利用这种方法可以找出靠近表面的缺陷（孔洞、剥离、疵点等）。

b）光纤传感器异常监视系统[25]

光纤传感技术有较强的耐蚀性，其优势还在于无需电源，可以远距离计测，所以，作为生活圈里的监控技术近年来十分令人瞩目。而这里所说的光纤传感器异常监视系统是沿着隧道等构筑物一路布设光纤，通过计测、分析脉冲光的后方散射发现变形部位（图 3-4-8）。

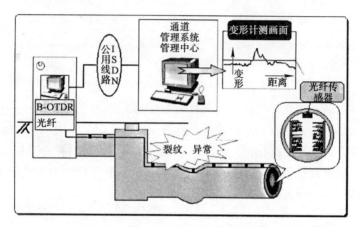

图 3-4-8　光纤传感器异常监视系统用例
（引自：藤橋一彦「光ファイバセンシングによるトンネル・道路斜面等の変状監視の実施例」土木学会第 21 回建設用ロボットに関する技術講習会、2003.12）

c）隧道的敲击检查系统

调查隧道衬砌混凝土的裂纹、内部、背面洞室等缺陷时，更简便又切实可行的方法是用检测锤敲击，通过敲击处的声音进行检查。但是，检测锤敲击检查要靠人工作业，由于个人感觉上的差异而难以作出定量判断，而且在作业环境恶劣的隧道里面长时间作业等也存在问题，为此，开发了由机械从事这项作业的系统。这一系统通过装在车上的敲击装置测定敲击动作和击打出的声音，经分析后作出定量性的判断。然后，将分析结果做数据库化处理，以此来把握衬砌的混凝土随岁月劣化程度。

3.4.3　诊断技术

基于调查结果对构筑物的完好程度进行评估，同时预测今后的状态，指定修补、补强等维护管理方针。对完好程度的评估有几种方法可行，比如，将调查结果与完好程度的指标作对比，或是通过对计测结果作解析算出结构的耐受力。

完好程度的评估指标依构筑物用途的不同，要求的性能也不一样，要由每个执业者视具体情况设置完好程度的判断基准。

诊断技术在专家系统、结构解析手法等诊断上的应用在不断向前发展，正从以往那种主要凭借经验做诊断向客观、合理的诊断法转换，如今，要靠人做出终结性的科学判断，不久将来，通过追踪调查，凭借诊断系统进行验证的相关技术将得以确立。

图3-4-9以东京都下水管道诊断系统为例对诊断评估系统作了简略说明。该系统对经过管路内调查已判明的劣化、损伤类型、级别、数量等作了定量评估、分析，在此基础上，决定修补、补强或重新构筑等重要程度的排序。

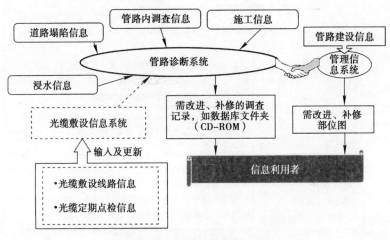

图 3-4-9 管道诊断系统的定位
(引自：比田井哲雄「東京都における下水道維持管理の最新技術」
土木学会第21回建設用ロボットに関する技術講習会、2003.12)

对于下水道中的中小规模管路、电力涵管等，还可以利用样本相册通过视觉对照作出诊断，把劣化乃至有异常的判断作为参照基准事例收集成相册，外观检查时遇到类似现象就可以比照相册判断其是否属于劣化或异常。

3.4.4　更新技术
(1) 修补

所谓修补就是构筑物发生劣化、损伤时，为了恢复其耐久性，抑制异常状况的发展所采取的措施。表 3-4-3 将补修工法按异常事项类别整理了出来，补修工法则按照劣化、损伤的事项、程度、原因及构筑物的目标性能水平选择。

表 3-4-3　补修工法

异常	补修工法		概要
混凝土裂纹	表面处理工法		在混凝土表面有裂纹的部位附上保护膜的方法，以 0.2mm 以内的裂纹为对象，用于恢复机械功能以外的目的的补修。最近开发了一种使用浸渍无机系材料的方法
	充填工法		沿着混凝土表面的裂纹铲出 U 形沟槽，灌入填充料进行补修。表面处理工法主要用于不注重耐磨性和钢筋防腐蚀性的场合
	注入工法	高压注入工法	沿着表面裂纹设置注水管，用来注入水泥类、树脂类材料。一般情况下如有漏水就用高压注入，不漏水可选择低压（渗透）工法。用于超过 0.2mm 宽的裂纹
		低压（渗透）工法	
混凝土表面劣化	劣化混凝土拆除工法	喷水工法	补修之前先用加压喷水或砂轮锯等铲刮机械剔除混凝土的劣化部分的这样一种工法。通常与断面修复工法、表面保护工法并用
		混凝土剥离机	
	断面修复工法	翻改工法	对剥离或剔除的混凝土表面劣化部分进行修复的工法。根据修复断面面积及深度、所需强度及强度发生时期决定施工工法和材料，大规模修复用压力灌浆工法或喷涂工法，小规模时适合修补工法（瓦工工法）
		喷涂工法	
		修补工法	
		压力灌浆工法	
	表面保护工法	表面涂覆工法	用表面保护材阻断混凝土表面的劣化因子是一种提高耐久性的工法，一般采用涂覆、喷涂或粘贴聚合体水泥及树脂类材料形成表面保护膜的方法。如果能保证在允许的补修厚度范围之内，还可以在最后完工的表面上设置树脂质或预制的混凝土框架、FRP 管等，用砂浆等填充隙缝的埋设框架工法也很适用。补修工法不仅适用于表面保护，最近，在长时间维持构筑物耐久性以及出于补强方面的需要也在使用这种工法。有时还可以视情况用于建设初期的设计阶段
		表面处理工法	
		埋设框架工法	

异常	补修工法	概要
钢材腐蚀	防锈工法	除锈之后，用环氧树脂等防锈涂料以及含防锈成分的聚合体混凝土做防锈处理。钢筋混凝土的防锈工法是在发生劣化前将防锈液渗透到混凝土含钢筋的部位，而钢筋腐蚀如果已经很明显，就要考虑抽换钢筋了
	电化学工法	这是利用电气手段阻止混凝土中钢筋腐蚀现象继续发展的工法，包括用外部电源强制为混凝土通入直流电的外部电源方式，和通过已埋设在混凝土中的钢材与锌板等阳极材的电池作用产生直流电的牺牲阳极方式这样两种方式，可根据现场情况、自然电位、经济性及维护性等方面考虑，从中选择一种适合的方式
漏水	截水注入	对于裂纹及接合部的漏水，可用水泥及树脂类材料等对构筑物或从构筑物背面注入，堵住漏水
	引水工程	从漏水部位向不受影响的地方疏浚、排放。一般常用于疏导的工法有沿着漏水部位做线形施工的引水线以及不是很严重的渗漏部位的引水面

（2）补强

因劣化、损伤致使构筑物强度降低时，或因周边环境、社会形势的变化有必要增强构筑物强度时，可对构筑物进行补强。

从地下构筑物的外侧进行补强很困难，而内部往往要求确保足够空间，使补强方法受到限制。补强是为了提高荷载能力和抗震性能，还有提高耐火性、耐化学腐蚀等各种需求，要按照要求、目的选择适合的材料。

a）提高荷载能力和抗震性能的补强

因劣化、损伤等原因致使强度降低的构筑物以及需要提高承载力、抗震性的构筑物，一般采用型钢、钢筋等补强的方法。如内部空间已没有余地，内面补强材料可采用钢板、碳素纤维板、高强纤维补强混凝土的埋设框架等。

图 3-4-10 是内面补强的概念图。而图 3-4-11 例举的是硬质地基上用锚杆对地基做补强，同时，用内面补强材支撑地基的方法。

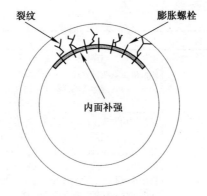

图 3-4-10 用内面补强材补强概念图

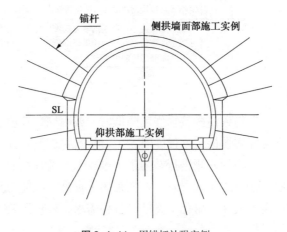

图 3-4-11 用锚杆补强实例

（引自：㈳日本道路協会「道路トンネル維持管理便覧」1993、p. 153）

b）提高耐火性的补强

地下街、公路隧道等可能发生火灾的地下空间不仅要设置防灾系统，这些构筑物还应符合耐火结构要求。建筑施工中要考虑耐火性能，日后耐火基准如有调整、提高，还要进行提高耐火性能的补强处理。具体补强方法一般可采用在构筑物内面贴耐火板、保护层或喷涂耐火材料等方式。

c）用于耐化学腐蚀的补强

用耐化学腐蚀材料涂覆于表面，通过这种保护手段达到提高耐蚀性是较常用的方法。例如在下水道设施中，滞留有污水的部位被所含的酸性成分、硫酸离子腐蚀，混凝土就会加速劣化。

作为应对措施，可以实施涂覆或喷涂有机树脂系材料的表面保护工法。最近，又开发了粘贴树脂质面板的工法。

（3）拆除、重新构筑

老朽构筑物的改建，或出于灾后修复、增强功能等目的可重新构筑。重新构筑时往往首先要拆除现有建筑，可是，处在地下环境中这种拆除往往并非易事。

下水管道见表3-4-4所列，进行非开凿的管路更新。

不过，达到实用水平的还仅限于小口径管路，对更大口径的盾构隧道等做拆除、重新构筑则开发了如图3-4-12所示的新工法。

这种工法是将现有隧道环抱起来，用盾构机挖掘其外周的覆土，推进一段之后，将露出的隧道拆除，盾构机再从后面注入充填材，回填后可构筑新的隧道。

表3-4-4 下水管道非开凿的管路更新工法举例

工法	概要
插入钢管工法	在现有管内插入新管，并将其推进，缝隙用砂浆填入
置换式推进工法	从出发口撞击现有管，将管外周的土松缓开后，挤压现有管从到达口推出，逐段切割回收，同时出发口一侧陆续顶入新管。布设完成后，新管与周边岩（土）体的缝隙填入砂浆
破碎式推进工法	用破碎式推进机破拆现有管，从后面布设新管。由推进机推动或由到达口一侧以牵拉方式将新管从出发口向前推进
从现有管身外周推进工法	把推进管套在现有管外面，一边向前推进，一边拆除里面的现有管

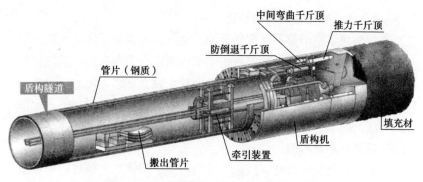

图 3-4-12　巷道拆除、回填（重新构筑）工法
（引自：㈱大林组、三井建设㈱「（高負）SJ 21 工区～SJ 23 工区既設とう道撤去工事
パンフレット」バックフィルシールド工法）

3.4.5　管理技术

（1）有关维护的信息管理

在工程量大、施工范围广的地下构筑物的建设中，为了维护工程的有效开展而开发的数据管理系统可发挥应有作用。这一系统可以将结构诸元、环境条件，灾害、近距离施工、补修补强的记录、调查结果所反映的异常、劣化状况做数据库化的管理（表 3-4-5）。

表 3-4-5　数据库化管理项目实例

项目	内　　容	
基本信息	结构诸元	构筑物名称、构筑物类别（开凿、盾构、竖井、钢管突进、山地隧道 / 预制）、延长、断面尺寸、衬砌材（钢质、混凝土）、建设年度等
	环境条件	接近的建筑物、平均覆土、土质条件、地下水位变动、水质数据、周边环境等
记录	灾害记录	发生时间、受灾类别 / 原因、灾害程度、场面照片、补修补强施工的有无
	补修、补强的记录	施工时间、施工方法、使用材料、施工计划、记录、施工后的异常、劣化、补修前后的照片、施工材料样本、技术资料、施工单位
	近距离施工记录	近距离施工记录（量测记录）
异常、劣化状况	点检展开图 点检一览表 相册 定点观测记录	

（据 NTT 资料）

日常生活中的地下构筑物多设置于道路下面，其位置信息便于在道路管理系统中使用。道路管理系统利用测绘技术对道路及其占用状况相关的各种信息进行综合管理，经通信网络为道路管理者及公益事业相关人员提供这些信息，该系统以（财）道路管理中心为主进行构筑、运用和管理。

通过这一系统可对道路下面埋设的占用物信息提供综合性管理，现在已经由政府指定通用于全国。

（2）构筑物内部设备及其安全管理

随着地下构筑物的整备已形成网络规模，对其内部的设备管理、安全管理以及作业管理，就需要一种有助于推动这些工作的集中管理系统。

图 3-4-13 以 NTT 的涵洞管理系统为例作了相关介绍。从各种灾害感知器等到涵洞内信息的实时监视中心，设备可依需要进行自动控制 [26]。

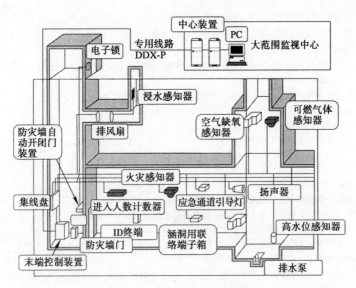

图 3-4-13 涵洞管理系统概要

（引自：情報流通インフラ研究会「情報流通インフラを支える通信土木技術」

（社）電気通信協会、2000.11）

3.4.6　今后的维护工作

今后作构筑物的规划、设计时维护工作会轻松一些吗？或许要寄希望于无维护材料、结构的技术开发。另外，在构筑物设计中考虑设施寿命的同时，还要从规划、设计阶段编制维护计划，但是，很难预测今后技术的发展以及社会形势的变化，导致与计划上的状况出现较大出入，所以，就要对那个时代的状况作出柔性应对。

为了维护工作的有效进行，要把构筑物的诊断技术和更新实施结果等信息作病历式整备，存入数据库以备有效利用。

参 考 文 献

1) 東京都都市計画審議会、条例第二条
2) 増井喜一郎編：図説平成 10 年度版日本の財政、東洋経済新報社
3) 物理探査学会：物理探査の手引き（とくに土木分野への利用）
4) 土木学会：トンネル標準示方書［シールド工法］・同解説　平成 8 年版
5) 土木学会：トンネル標準示方書［山岳工法］・同解説　平成 8 年版
6) 土木学会：トンネル標準示方書［開削工法］・同解説　平成 8 年版
7) 日本鉄道建設公団：NATM 設計施工指針、1996.2
8) 国土交通省鉄道局監修：鉄道構造物等設計標準・同解説、都市部山岳工法トンネル、2002.3
9) ㈳建設コンサルタンツ協会：鉄道土木の計画・調査・設計報酬積算の手引き　改訂第 9 版、2003.8、pp. 7-11
10) 長尚：基礎知識としての構造信頼性設計、山海堂、1995.4
11) 土木学会：トンネルへの限界状態設計法の適用、トンネルライブラリー第 11 号、2001.8
12) 土木学会：トンネル標準示方書［シールド工法］同解説、2006.7
13) 例えば、土木学会：構造物のライフタイムリスクの評価、構造工学シリーズ 2、1988.12
14) 前掲 9)、10)
15) 岩波書店・広辞苑　第四版、1991.11
16) 木村、小泉：地盤と覆工の相互作用を考慮したシールドトンネルの設計手法について、土木学会論文集、No. 624/Ⅲ-47、1999.6
17) 土木学会：トンネル標準示方書［山岳工法］・同解説　補助工法の分類表（表 5.1）2006.7、p. 187
18) 土木学会：トンネル標準示方書［山岳工法］・同解説　平成 8 年版、pp. 236-237
19) ㈶エンジニアリング振興協会ガイドブック研究会編：「地下空間」利用ガイドブック、1994.10、p. 230
20) ㈳日本下水道管渠推進技術協会　推進工法講座、2000.6

21) 独立行政法人 新エネルギー・産業技術総合開発機構（NEDO）：パンフレット、大深
　　度地下空間開発技術　p. 42
22) 大塚孝義：「エジプト海底トンネルの劣化を防げ　日本の援助で進む改修工事」日経
　　コンストラクション、1993.10-8、pp. 70-74
23) 土木学会：トンネルの維持管理、トンネル・ライブラリー第14号、2005.7
24) 木村、石橋、弘中、岩藤：第46回年次学術講演会概要集Ⅵ-PS 3「赤外線温度測定に
　　よる覆工表面の欠陥部調査」土木学会、1991.9、pp. 6-7
25) 藤橋一彦：第21回建設用ロボットに関する技術講習会テキスト「光ファイバセンシ
　　ングによるトンネル・道路斜面等の変状監視の実施例」土木学会、2003.12、pp. 1-11
26) 情報流通インフラ研究会：情報流通インフラを支える通信土木技術、㈳電気通信協会、
　　2000.11、pp. 178-179
・土木学会：コンクリート標準示方書・維持管理編、2001.1
・小島芳之、青木俊朗、内川栄蔵、松村卓郎：地下構造物を対象とした検査・診断技術
　に関する現状分析、地下空間シンポジウム論文・報告集第4巻、土木学会、1999.1、
　pp. 167-174

第 4 章　地下空间利用的未来展望

城市化的发展已使地表面呈饱和状态，人们到哪里去寻找新的空间呢？

1990 年前后的泡沫经济时期，地下空间的开发利用与探海、航天等尖端领域同样引人瞩目，各类团体、建筑行业都发表了自己梦幻般的地下空间开发构想。更多的人，起码是相关人员都沉浸在"最近不大可能，但不远的将来这一梦想就会实现"这种美好的憧憬中。而地价高企也对地下空间的开发利用起到推波助澜的作用，可是，随后形势急转直下，随着泡沫经济的崩溃，高企的地价出现了急刹车，经济陷入了长期低迷。人口负增长，高龄化及严酷的财政形势越来越表面化了。

那么，今后社会上还需要对地下空间的开发利用吗？回答当然是："YES"。

21 世纪的日本所面临的最大问题是城市这一课题，人口减少，经济长期低成长，努力与环境共存的同时怎样维持和提高人们的"生活质量"（QOL：Quality of Life）？在这一点上，地下空间大有作为是毋庸置疑的。

前面章节主要在技术层面上对地下空间利用的历史变迁及现状作了介绍，但是，开始利用地下空间的时候会面临众多问题，仅仅从技术层面上展开这一课题未必能实现科学合理的地下空间利用，其实地下空间在更大深度的有效利用上还有很多空白有待开发。

本章内容不单纯侧重技术问题，还将对社会层面，从更广泛的视角来设想地下空间利用的未来趋势。

4.1 围绕社会资本整备的环境变化

在考虑未来地下空间利用的基础上，还应该一定程度地把握好今后的社会将怎样发展变化。将来的社会是何种形势谁也无法作定论，但总可以从以下几方面考虑一些问题。

4.1.1 人口减少与少子化、老龄化的加剧

据 2005 年 10 月 1 日的数据，日本总人口为 1 亿 2766 万人，比上一年度减少 2 万，战后首次出现负增长。65 岁以上老龄人口过去最高值为 2560 万人，占总人口的比例（老龄率）为 20.04%，首次突破 20%（图 4-1-1、图 4-1-2）。日本的合计特殊出生率（每一女性一生中生育数基准值）为 1.29（2004 年），在韩国、意大利之后处于世界最低水平，总人口于 2005 年转为下降，预计到 2050 年人口将降至 1 亿。

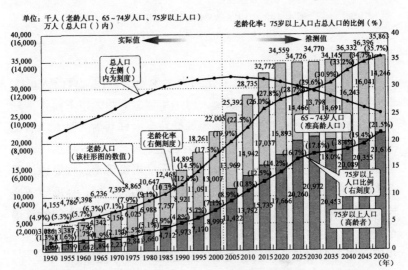

资料：总务省截止 2000 年的《国势调查》，2005 年以后国立社会保障、人口问题研究所《日本将来人口推测（2003 年 1 月）》。

（注）1955 年冲绳 70 岁以上人口 23328 人，其前后年次的 75 岁以上人口在 70 岁以上人口中所占的比例，为原来 70~74 岁人口和 75 岁以上人口这两种比例的平均值。

图 4-1-1 日本的老龄化趋势及未来预测

（引自：平成 18 年版高龄社会白书）

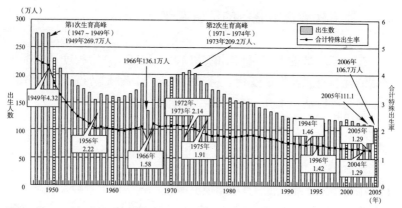

资料：厚生劳动省《人口动态统计》。

（注1）2006 年出生人口推测值。

（注2）1972 年以前不含冲绳县。

（注3）所谓合计特殊出生率（期间合计特殊出生率），即该 15～49 岁的女性各年龄生育率的
　　　 合计，假设每个女性该年次生育率与其一生的生育数相当（实际上每个女性一生的生
　　　 育数就是群合计特殊出生率）。

图 4-1-2　出生人数与合计特殊出生率的变迁
（引自：平成 18 年版高齡社会白書）

　　人口结构经历了由多生多死到少生少死的过程，育龄人口占
总人口的比例上升，相对于从属人口（年轻、老龄人口）而言扩充
了劳动力资源。这一时期经济形势的好转有人称其为"对人口的奖
励"。战后日本完成了人口结构的转换，受惠于"人口奖励"迎来
了经济的高速增长。而将来的社会不仅无法再寄望于这种恩惠，随
着老龄化的加剧，社会福利方面还将面对更大的负担，高度经济增
长无望。另一方面，日本与欧美国家相比，良好社会资本的储备很
难说有多充足，趁着本世纪初期工作年龄的人口还不算少，应该为
我们正在走近的老龄社会切实准备好足够的社会资本。

4.1.2　地区差别的扩大

　　与欧美国家相比的另一区别是日本人口更明显地向城市集
中。这是有可能迎来经济快速增长的一大要因。不过，另一方面城市过于集中也面临国土政策上的重大课题，城市生活靠地方的支撑，地方经济活跃强化日本的经济基础，而现实情况是地方上呈现人口超常外流，加快了老龄化的进程（图4-1-3、表4-1-1）。

看来这一趋势将来不会有很大的变化，如图4-1-4所示，甚至会陷入一种恶性循环，呈现萧条状态。今后丧失活力的地区还会进一步扩展，丘陵、山区等因人口减少导致更多的农田、林场荒芜被弃等，从国土、水源的涵养，景观的养护等角度，不希望看到的场景正日益显现。

为了在大城市与地方城市之间作出适当的功能分担，地方也应具备与其适宜的潜能。如同大城市具有大城市的魅力一样，地方也有地方的魅力，最大限度地发挥这些魅力才符合环境保护的要求。

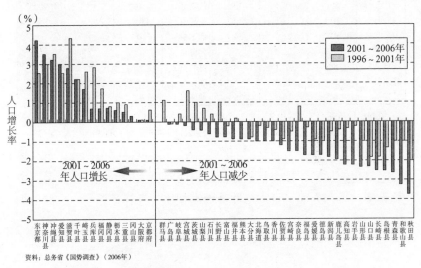

资料：总务省《国势调查》（2006年）

图4-1-3　各都道府县人口增长率（1996～2001年，2001～2006年）
(引自：平成18年版高龄社会白书)

表 4-1-1　各都道府县人口老龄化发展趋势(引自：平成 18 年版高龄社会白書)

	1975 年	2004 年	2025 年		1975 年	2004 年	2025 年
全国	7.9	19.5	28.7	三重县	9.9	20.8	29.9
北海道	6.9	20.8	32.3	滋贺县	9.3	17.5	24.5
青森县	7.5	21.7	32.0	京都府	9.0	19.7	28.6
岩手县	8.5	23.9	31.6	大阪府	6.0	17.5	27.4
宫城县	7.7	19.3	27.6	兵库县	7.9	19.1	27.4
秋田县	8.9	26.1	35.4	奈良县	8.5	19.1	30.3
山形县	10.1	24.9	32.0	和歌山县	10.4	23.2	32.3
福岛县	9.2	22.1	30.2	鸟取县	11.1	23.6	30.8
茨城县	8.4	18.5	29.8	岛根县	12.5	26.7	32.8
栃木县	8.3	18.8	28.9	冈山县	10.7	22.0	29.9
群马县	8.8	20.0	29.9	广岛县	8.9	20.4	30.1
埼玉县	5.3	15.5	27.8	山口县	10.2	24.3	34.0
千叶县	6.3	16.8	29.2	德岛县	10.7	23.9	31.9
东京都	6.3	18.0	25.0	香川县	10.5	22.7	31.4
神奈川县	5.3	16.2	25.8	爱媛县	10.4	23.3	32.5
新潟县	9.6	23.4	31.4	高知县	12.2	25.3	33.3
富山县	9.5	22.7	31.9	福冈县	8.3	19.2	27.6
石川县	9.1	20.4	30.2	佐贺县	10.7	22.1	30.4
福井县	10.1	22.2	30.2	长崎县	9.5	22.8	33.1
山梨县	10.2	21.3	29.4	熊本县	10.7	23.2	31.0
长野县	10.7	23.2	29.9	大分县	10.6	23.8	33.2
岐阜县	8.6	20.3	30.0	宫崎县	9.5	22.8	32.4
静冈县	7.9	19.9	30.5	鹿儿岛县	11.5	24.3	30.8
爱知县	6.3	16.6	26.1	冲绳县	7.0	16.1	24.0

资料：1975 年总务厅《国势调查》，2005 年总务省《2005 年 10 月 1 日当时推测人口》，2025 年国立社会保障、人口问题研究所《都道府县人口的未来推测（2003 年 3 月推测）》。

不足 7%　　7%～14%　　14%～20%　　20%～30%　　30% 以上

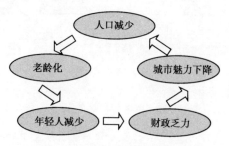

图 4-1-4　地方城市陷入恶性循环

4.1.3 地球环境制约的表面化

1972 年的联合国斯德哥尔摩人口会议上,"地球是一个难以简单增长的封闭系统"这一观点首次得到国际公认。此后,在 1992 年的联合国里约热内卢环境与发展大会上通过的"21 世纪议程",阐明了今后地球上每个国家应采取的具体行动,"可持续发展(sustainable development)"已被公认为会议的关键字。地球温室化效应对可持续社会构成了很大的制约,是日趋表面化的一大要素。地球温室化的机理如图 4-1-5 所示,日本历年的年均气温变化如图 4-1-6 所示。

在这种情况下,"京都议定书"在 1998 年 12 月的联合国气候变化框架公约第 3 次缔约国会议(COP3、京都会议)上获全体与会国通过,2004 年 11 月,俄罗斯政府批准该条约并于 2005 年 2 月正式生效。由此,京都议定书中的减排指标(日本于 2008~2012 年的第一减排期减少 6%)已形成法定义务。另外,京都议定书第一减排期的减排指标的完成只不过万里长征的第一步,实现世界的可持续发展后面还要制定更高的目标值。伴随地球的温室化所带来的影响可作如下推测。

· 平均气温:1990~2100 年上升 1.4~5.8℃。

温室效应气体浓度工业革命前的水平

温室效应气体浓度上升

释放热量

再散热

热

平均气温15℃左右

释放热量

再散热

热

阳光

气温上升

资料:环境省

图 4-1-5 地球温室化效应机理
(引自:平成 17 年版環境白書)

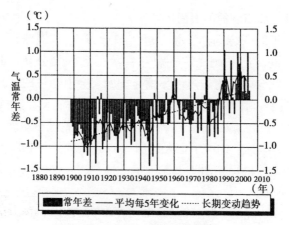

图 4-1-6　日本年平均地表温度与常年对比的变化（1898 年～2005年）

（引自：平成 18 年版環境白書）

· 平均海平面水位：1990～2100 年上升 9～88cm。

· 对气候的影响：洪水、干旱增多。

· 对人类健康的影响：中暑患者等增多，疟疾等感染范围扩大。

· 对生态系统的影响：部分动植物灭绝，生态系统变迁。

· 对水资源的影响：缺水地区增多，水资源进一步匮乏，水质下降。

4.1.4　严酷的公共财政形势

日本中央政府与地方合计的负债余额约 775 万亿日元（2006 年度末，引自：《日本财政的思考》财务省，2006.9）（图 4-1-7）。这个数值是日本 GDP 的 1.5 倍，换算到每个国民身上相当于约 600 万日元这一巨额数字，而且泡沫经济之后还在急剧增长。国债，尤其是建设债券，与个人、企业债务不同，这种属于国有资产的投资必然由后世分担债务这一点确定无疑，但是，如果整体负债余额膨胀就不能说这个国家财政状态很健全了。

泡沫经济崩溃后，"公共工程上的官员与建筑公司勾结"、"整备后仍未能使用的道路"等成了媒体的热门话题，兴起了一场公共事业关张论、讨伐公共事业的行动，很多报章杂志在后面推波助澜，诸如"只要公共事业能缩减财政就有望好转"的评论也此起彼伏。

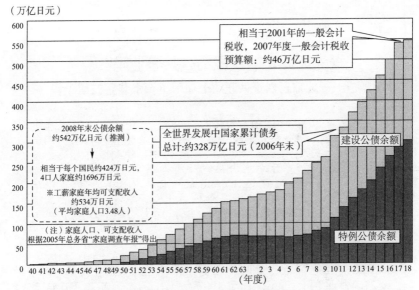

（注）1. 各年度 3 月末公债余额。其中 2006 年、2007 年为推测值。
2. 含特例公债余额、国铁长期债券、国有农林累计债务等由一般会计转接的替续国债。
3. 2007 年的推测余额，是由财政融资资金特别会计的利息变动准备金转入的预计（12 万亿日元）额。
4. 刨除用于 2006 年度、2007 年度的翌年替续的预计额，分别为 506 万亿日元、517 万亿日元。

图 4-1-7　日本公债余额变迁
（引自：日本の財政を考える、財務省資料）

可是现状又如何呢？1990 年代民间投资大幅减少，为促进景气回升而增加的政府投资，通过零最高限额或封顶年度预算这类坚决压制措施，2005 年度终于降至只有 1990 年度一半的 15 万亿日元。由此，又招致了"本来应该投资的地方却没有投"的责难。

另一方面，不仅大的经济增长今后不能奢望，在随着老龄化增加的社会福利开支等预测中，对公共事业投资能有多大的余力也没指望了。而大量的现有库存又面临更新的关头，新的投资余力估计也同样没有着落。

社会资本是经济繁荣的重要支柱，没有优质的社会资本国民很难放心地进入老龄化社会，甚至被排斥于国际社会之外。怎样在有限的财政资源中整备出优质的社会资本，是未来社会的重大课题之一。

小贴士 -10

既然如此还能说取缔公共事业吗？

——此前已然很兴旺的七环地下调水装置二期工程

2006年9月4日，14号强台风接近九州，首都圈距台风中心还很远，尽管并未出现警戒氛围，可是受台风带来的潮湿空气影响，东京、琦玉、神奈川三地从4日晚到5日晨还是遭遇了局部暴雨，东京都杉并区的下井草曾观测到最高112mm的降水量，3个小时高达250mm这一惊人的暴雨量级。以中野区、杉并区、世田谷区这三个区为中心，住宅、道路相继被淹，东京都室内地面被淹508处，地板以下浸水1424处，琦玉县地面被淹281处，地板以下浸水712处，浸水住户合计3000户。据东京电力的数据，杉并区接到的断电报警超过7000件。

东京都河川整备的设置标准按每小时50mm的雨量估算，位于七环线地下的大型调水装置（地下河川）正在修建当中，一期工程区间为2km，已于1997年4月完工。可是4日这天夜里11时刚过，24万t的贮水量就满了，为此，东京都采取紧急措施，把原准备于2周后的取水仪式上用的二期工程区间（约2.5km）的隔墙打通强制蓄水，在30万t的贮水量中注入了16万t。当时，有些媒体公开了此事，很简单的手段，由于措置得当免除了一场灾害的发生，多数市民对此并不知情。

俗话说"坏事传千里，好事难出门"，负面消息很容易散布，好事却少为人知。就像"好了疮疤忘了疼"所说的那样，灾害的新闻过后就忘。实际上灾民蒙受的损失就不这么简单了，甚至之后很长时间生活节奏都无法恢复。

从事社会资本整备的参与者不管怎么说终归是沉默寡言，但是，在这一论调之前，繁忙的地下调水装置帮助了众多人的生活这一点人们都很清楚，希望本书读者都会有正确的信息判断，"公共事业关张论"等腔调七嘴八舌，但议论归议论，问题是要把握程度、控制平衡。

照片左：即将溢出的妙正寺川
照片右：神田川、七环线的地下调水装置（一期隧道）
资料：东京都建设局河川部提供。

4.1.5 东亚经济的兴起

1950～1970 年代日本经济走过了一段高速增长期，80 年代进入了成熟阶段。1985 年，"广场协议"生效，日元对美元急剧升值，企业和个人行为都因此发生了很大变化，日本以激进的步幅变成了资本输出国，从此跨入"泡沫经济时代"，美国泛起"日本威胁论"。越来越多的外国人"希望来日本参观最先进的工厂"、"希望学习日本的经营管理"；更多的日本人认为"日本的地价降不下来"、"日本独大的局面将会持续下去"。

可是，泡沫时代并未持久，没有放过这一反常经济现象的日本银行于 1989 年年中开始收紧银根，从房地产放贷的急刹车开始，事态超出预想地扩展开了，先是股市一路暴跌，接着地价直落谷底，经济陷入通货紧缩局面，也就是"泡沫的崩溃"。1990 年之后的 10 年里，年率只有 1% 的超低速增长的日本经济，直到 2003 年春，股市探底后终于出现复苏，露出上扬势头。

一方面，东亚经济振兴始于 1980 年代，日本经济受年轻劳动力不足和日元升值的影响，企业将生产基地迁往其他亚洲国家或地区也正处在这个时期。在 NIES（韩国、中国台湾、中国香港、新加坡）、ASEAN 等日本的 ODA（政府开发援助）也做出了贡献，亚洲各国的经济发展模式推动了日本初、中等教育、农业改革，改善了投资环境，切实带来了经济增长（表 4–1–2）。

如今，"威胁论"横飞的中国，在 1970 年代之前还是一只"未睡醒的狮子"，由于经济发展缺少市场原理的引导，与邻国疏于往来。中国正式参与国际竞争是 1992 年邓小平"南行讲话"以后，富于商业头脑的中国人首先察觉到了"先富论"、实力主义带来的机会，完成了令人警醒的事业上的成功。近年来日本经济的恢复也很大程度上得益于中国经济好转所带来的强劲对华出口贸易。

虽然日本也具有同一地理因素，不过 ODA 的供给、企业的外迁等，与欧美国家相比在亚洲事务上还是占上风。另一方面，与中国、韩国还存在"历史认识问题"。今后亚洲经济能否继续强势发展有多种可能，但是，就发展的基础条件而言，在政局稳定、教育投资、国民的工作热情、储备和基础设施的完备、吸引外资的能力、企业化精神、市场经济导向等方面都是其他发展中国家所不能比的，通过内外风险管理的成功，宏观调控的贯彻实施，就可以持续高增长。

表 4-1-2　东亚各国或地区实际经济增长率（%）

	1998 年	1999 年	2000 年	2001 年	2002 年	2003 年
韩国	▲ 6.7	10.9	8.8	3.0	6.3	3.3
中国台湾	4.6	5.4	6.0	▲ 2.2	3.5	3.2
中国香港	▲ 5.3	3.0	10.5	0.6	2.3	3.3
新加坡	0.3	5.9	9.9	▲ 2.0	2.3	1.1
马来西亚	▲ 7.4	6.1	8.3	0.4	4.1	5.2
泰国	▲ 10.8	4.2	4.4	1.9	5.3	6.7
菲律宾	▲ 0.6	3.4	4.0	3.3	4.0	4.5
印度尼西亚	▲ 13.2	0.3	4.9	3.3	3.7	4.1
中国	7.8	7.1	8.0	7.3	8.0	9.1

（数据来源）ADB. Asian Development Outlook 2003 Uptate，September30，2003 以及同 Outlook，April2004

（引自：国土の未来研究会・森地茂編著「国土の未来　アジアの時代における国土整備プラン」日本経済新聞出版社、2005.3、p. 111）

日本带动亚洲的时代即将落幕，借助亚洲经济的活力，积极支持这里的经济发展、回避风险，进一步将其与日本的活力结合起来对于日本是一个十分紧要的课题。

4.2　地下空间利用的未来模式

前面章节中"人口减少"、"老龄化"、"地球环境制约"、"严酷的公共财政形势"等负面字眼出现较多，如果看当前社会形势，人们往往更多地认为地下空间利用应该有所抑制。可是，为了从地上空间转换到更易于人类生活的其他空间中去，地下空间的有效利用就是不得已而为之了。当然，并不是说尽其所有地全部迁移到地下，去开创地下生活。

这一节内容将介绍我们应该考虑的地下空间利用的基本概念，以及为了实现这一目标需要解决的难题。

4.2.1 地下空间利用的基本概念

道路拥堵、铁路混杂、绿地和公共空间不足等作为"20世纪的负面遗产"给今天的城市生活造成很大的能源消耗，交通问题、防灾问题，提升城市景观、维持增进国际竞争力等还有很多社会课题需要解决。而且经济高速增长期留下的大量库存也到了更新期，不久将来就要为此投资。已经建设好的城市，如何在保持原有功能的前提下进行新的空间改造并不是件很容易的事情。尤其城市的过分集中，即便有较高的市场需求，仅靠地上也难以确保与其相应的空间，于是，地下就成了开发有用空间的一种新选择。

但也不能"因为有开发价值"、"有需求"就对所有工程放手投资，现实也不允许这样做。应该稳妥应对社会经济的环境变化以及地方的实际情况，大胆地做出"选择或集中"，需要的是突出重点而注重效益的投资。

充分把握地上、地下各自的特性和可行性，在此基础上合理区分地上、地下的不同功能，协同配合，提高每个人的 QOL（Quality of Life），这才是今后社会资本整备的一种应有姿态。图 4-2-1 列举了地下空间利用的基本概念。为了做好与地上空间适宜的功能分摊，在地下空间的利用上还会面临各种各样的课题有待逐一去解决。

4.2.2 地下空间利用有待解决的课题

地下空间具有"恒常性（恒温、恒湿性）"、"隔离性"、"隐秘性"等特性，详情如第2章内容，这些有时会与课题相关，大致可分为：①心理方面、行为特性方面；②安全性；③经济性、事业性；④对环境的影响方面。在地下空间利用上需要解决的难题如下。

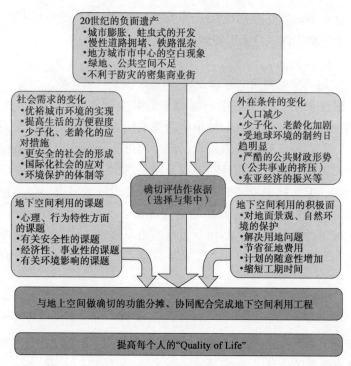

图 4-2-1　地下空间利用的基本概念

（1）有关心理、行为特性方面的相关课题

提到地下，或许有些人就是不喜欢。"地下"这个词往往给人"湿漉漉的"、"阴暗的"、"狭窄的"等这类印象，像"地下组织"、"地下活动"等字眼都是不便在人前公开指出的事物。

生活圈里除一些个别特例之外，人们历来活动都在地上进行，因此，对环境的认知过程、行为特性等都是适应地面环境进化过来的，正因为如此，对地下空间就很容易产生压迫感、避讳心理，让人觉得不快。同时空间设计往往侧重于功能上的体现，缺少空间扩展余地，很多结构上都缺少采光，从而增加闭塞感、容易给人造成景观单调等感受。

行为特性方面，例如，地下商业街等地方容易让人失去方向感以及上下移动增加的距离给人造成"迷路性"和"劳累感"等行为特性。

（2）有关安全性的课题

地下空间的隔离性、隐秘性在构筑物的计划中有很多切实有效的应用，但是，发生火灾时难以躲避高温、浓烟，有限的避难通道的划定也难免构成危害扩大的主因。而地上地下在空间上的隔离还会使消防行动受限。为此，为不固定的多数人所利用的地下通道、铁路隧道以及地铁站房等供人逗留的去处，一旦灾害发生，人为受灾程度就很可能高于地面的同样灾害。另外，构筑物的深度越大，一般避难过程所需时间就越长。

就公路隧道而言，比如 1979 年 7 月发生在东名高速公路日本坂隧道里的 173 辆车火灾事故，造成 7 人死亡；1999 年 3 月发生在勃朗峰隧道里的卡车火灾事故造成 39 人死亡；2001 年 10 月圣哥达隧道因卡车撞车引发的火灾事故中死亡 11 人。

一次隧道内的火灾事故就会造成如此重大伤亡，加上物流大动脉被阻断以及灾后修复所投入的时间、财力，社会、经济损失往往难以估量。

尤其是那些大深度、长距离的隧道，防患于未然的措施及灾后迅速救助中所投入的经费，相比之下并不足惜。

地铁方面，2003 年 2 月发生在韩国大邱中央路站的那场地铁火灾让人记忆犹新，由歹徒纵火直接引发的这一灾难事件中死亡133 人，被列为铁路灾害史上绝无仅有的惨案（照片 4-2-1）。

在事故、火灾之外，地下停车场、地铁站房还会在城市暴雨中被水淹。所以在详细研判浸水区域的同时，还必须考虑好升降设备、防水措施及防水避难所等的适宜配置。

地下商业街除火灾、爆炸、犯罪行为外，还有有毒气体、空气缺氧及水淹等风险。另外，为不固定多数人利用的地下商业街，偶遇停电时聚众心理还可能招致混乱现象发生。

地下空间的整备过程中，尽管考虑了地震等意外情况下结构的安全性，可是，确保设施使用者的安全也同样不可忽视。地下空间里应该确保对风险、火灾、爆炸、地震、水淹、停电以及次生灾害的有效应对、急救、救助活动的及时展开、预防犯罪发生等。尤其

照片 4-2-1　大邱地铁火灾中被烧毁的车厢内部
（引自：消防平成 15 年版白書）

那些为不固定多数人利用的设施中，必须把尊重生命摆在各项举措中的首位。

（3）与经济性、事业性相关的课题

　　一般情况下，要建造地下构筑物其费用远高于地上建筑物。挖掘、挡土墙、渣土处理等这都是当然需要考虑的，但是，还有仅凭这些整理不出来的状况。地铁建设费用的变化如图 4-2-2 所示，从最近的几个案例已明显看出建设费用的增长，其理由不外乎物价、人工费等的涨价，隧道深度的加深以及对地铁的社会性需求的不断增长。城市现有设施、建筑物的基础以及越建越深的地铁隧道等使大城市地下空间的利用面临纵横交错、紧邻施工等更加复杂的局面，为此，按区间计算每公里造价将超过 300 亿日元。为了降低工程投资，地铁大江户线等通过缩小挖掘断面面积、采用线性地铁等措施，但是初期投资仍高达数千亿日元。

　　工程需要巨额建设投资，而真正的需要应该按公共事业开支准备。可是，在严峻的财政形势下，多种需求不可能一次给予满足，只能在对投资效益作评估之后决定优先投给哪一项。地铁等工程接受国家和地方公共团体的补助，往往由第三产业等整备，巨额初期投资挤压事业盈利空间，已经出现陷入负债经营的案例、经济群，未能完成事业化的案例仍不在少数。

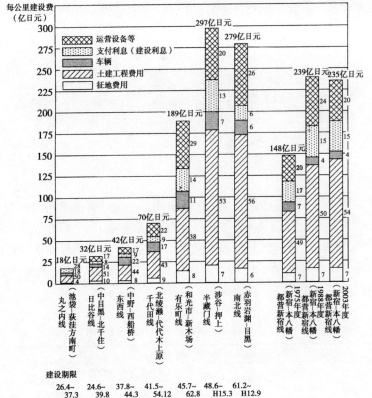

図 4-2-2　地铁建设费用的变化
（引自：数字でみる鉄道 2006、（財）運輸政策研究機構）

（4）有关对环境影响的课题

　　与地面设施相比，地下设施对环境的影响要小得多，可是另一面，地下空间的利用会对环境造成某些特殊影响。比如，建造地下构筑物时难免影响到地下水的变动，为此，施工期间、投入使用之后都会导致井水枯竭，阻断地下水脉，影响地面树木的生长，而排水还会引起地面沉降等，这些都必须充分考虑。还有施工中排出的大量渣土如何合理处置，减轻环境负荷这类技术问题。

在地下空间利用对环境的影响中,具代表性的课题表现在如下几方面。

①施工中的噪声、振动;

②挖掘出的渣土处理;

③施工中的抽水及其处理;

④地表及地下变形(地基塌陷、地面沉降、地基隆起);

⑤对地下水的影响(地下水位降低、水位上升、流动性的变化);

⑥对生态系统的影响(地下水位变动带来的影响、地基内温度变化的影响等)。

特别是在城市做地下掘进时,对周围会造成哪些影响,事先充分研判做好预测是必不可少的一项工作,遵照1999年颁布的环境影响评估法已将其制度化。对东京外环道路环境影响的评估项目见表4-2-1所列。地下构筑物一旦建成,发现问题后再追加施工就很困难了,作计划、设计阶段必须认真给予关注。

表 4-2-1 东京外环道路环境影响的评估项目

环境要素的分类		
大气环境	大气质量	二氧化氮、悬浮颗粒物
		粉尘等
	噪声	噪声
	振动	振动
	飓风风灾	飓风风灾
	低频声音	低频声音
水环境	水质	水浑浊、水污染
有关土壤的环境及其他	地形与地质	重要地形及地质
	地基	水环境
		地基沉降
	其他环境要素	影响日照
		电波伤害
动物		重要物种及令人瞩目的栖息地
植物		重要的物种及群落
		植被面积
生态系统		具有地域特征的生态系统

环境要素的分类	
景观	主要眺望点、景观资源及其主要眺望景观
	市区街道的地区景观
历史文物、遗址	历史文物、遗址
人类亲近大自然的活动场所	主要供人类亲近大自然的活动场所
废弃物等	建筑工地副产物

（参考资料：关于东京外环道路（世田谷区宇奈根～练马区大泉町间）环境影响评估方法书）

4.3　与地下空间利用相关的政府动向

处在人口减少、少子化、老龄化这种人口结构的变化的现实中，为了保证子孙后代能有一个安逸的生活环境，我们在本世纪初的社会资本积累，其实都与当前的社会活力，与维持、强化国际竞争力密切相关。下面就：①社会资本积累的各方面；②城市、地区的新生；③大深度地下空间利用方面政府的动向这几方面作如下介绍。

4.3.1　社会资本整备的整体动向
（1）社会资本整备的重点规划

为了有重点、富于成效地推进社会资本的积累，通过采取制定重点规划等措施，谋求交通的安全保障及其通畅，强化经济基础、维护生活环境、改善城市环境，开发并保护国土安全。本着国民经济健康发展、国民生活稳步提高这一宗旨，2003 年 3 月，制定了社会资本积累重点规划法（图 4-3-1）。

该法把以往分为 9 个领域的社会资本积累方面的长期规划突出重点地并为一个条文，这是自 1954 年制定第一个道路整备五年规划 50 年以来的首次修订。在财政的严格制约下，提出了更突出重点、富于成效地推进社会资本整备的目标。作为其基本理念，比如，一方面尊重地方公共团体的自主性和独立性，同时又积极发挥民间企业的能力，有效使用财政资金等。由此，通过强化国际竞争力提升经济社会的活力，确保可持续发展，让国民生活既丰足又有安全保证，打造一种与环境保护并行，具有自主性而富于地方特色的区域社会。

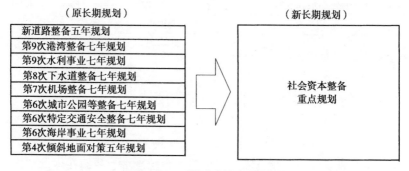

（原长期规划）

（原长期规划）
新道路整备五年规划
第9次港湾整备七年规划
第9次水利事业七年规划
第8次下水道整备七年规划
第7次机场整备七年规划
第6次城市公园等整备七年规划
第6次特定交通安全整备七年规划
第6次海岸事业七年规划
第4次倾斜地面对策五年规划

（新长期规划）

社会资本整备
重点规划

图4-3-1　长期规划版本的统一

表4-3-1　与社会资本整备事业实施相关的重点目标

活力	安全、安定	生活、环境	储备性社会的应对
①通过交通网络的充实提高国际竞争力；②通过强化地区内外的交流增进本地区的自主和活性化；③通过发展繁荣、充实交通的便捷性增进本地区的自主性和活性化	④营造抵御大地震等自然灾害的国土；⑤营造抵御水灾的国土；⑥强化交通安全措施	⑦应对少子化、老龄化的无障碍设施，通过对儿童成长环境的整治营造和谐社会；⑧通过良好的景观、自然环境的形成改善生活空间；⑨防止地球温室化；⑩打造循环型社会	⑪维持战略意义上的管理，促进库存更新；⑫推进软件措施开发

（引自：社会资本整備重点計画（2009年3月31日閣議决定））

　　基于社会资本积累重点规划法，内阁会议于2003年10月决定了第一次"社会资本积累重点规划"（规划期间为2004～2008年），2009年3月决定了第二次"社会资本积累重点规划"（规划期间为2009～2013年）。第二次规划中社会资本积累事业的重点目标见表4-3-1所列，其编制的方向性如下：

①战略意义上的维持、推进库存的更新，发挥信息技术作用；

②严格实施事业评估，成本改革；

③公共调配的改革；

④确保多样化的主体参与策划及其透明度；

⑤促进技术开发；

⑥充分利用民间能力、资金；

⑦国家与地方作用的适当分担。

（2）支撑"双重大经济圈"的综合交通体系（国土形成规划）

国土交通省（原国土厅）迄今共 5 次发表了国土形成设想。1962 年，添加了纠正区域差距、据点开拓构想的最初版本"全国综合开发规划"（以下略称全总）；1969 年由新干线、高速公路网等大型工程构想推出的"新全总"；1977 年通过整备各地居住环境的定居构想推出的"三全总"；1985 年由交流网络构想，力主多极分散型国土的"四全总"；1998 年以多轴型国土为目标的"21 世纪国土宏伟构想"都出自这一体系。

如今，取代以往的全国综合开发规划（全总），政府又准备制定"国土形成规划"，正在研究此规划的国土审议会，在具体方案中以"新的国土形状"这一形式推出了"双重大经济圈"构想（图4-3-2）。

基本思路是在人口减少、老龄化、环境问题表面化、受财务政策制约等背景下，营造自主、安定的区域社会，而实现这一目标超越现有行政区作更大范围的对应至关重要。按照生活方面即"生活圈范围"、经济方面即"区域板块"划分出的双重大经济圈是今后规划国土时的区域性汇集，把它们相互关联起来作为国土的整体，以便于营造自主、安定的区域社会。另外，还强调了"提高机动灵活性"和"更大范围地应对"的重要性。这里所说的双重大经济圈针对以下内容。

①按区域进行带有自主性的国际交流等，通过区域特色求得区域发展，沿着这一观点由多个都道府县组成"区域板块"。

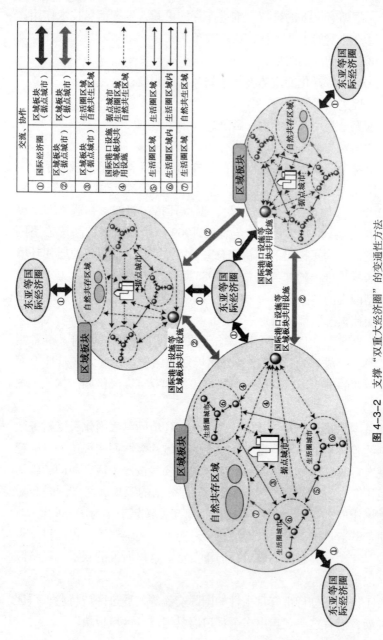

图 4-3-2 支撑 "双重大经济圈" 的变通性方法

（国土交通省记者发表资料 20050519）

参考资料：《国土综合性点检》（摘要）（案），国土审议会调查改革部会报告，国土交通省国土规划局

②即便人口减少，也可以维持生活圈关联的服务、保持区域社会的活力，按照这一观点由多个都道府县组成"生活圈区域"。

4.3.2　有关城市、区域再生的趋向

（1）城市再生特别措置法

该法以 1997 年"城市规划中央审议会"上的答复为契机，把战后始终贯彻的以大城市为中心，扩展城市规模的量化措施转换为充实现有城市街区这一质的变化，即变"城市化社会"为"城市型社会"。1999 年 2 月的"经济战略会议"上的答复，2000 年 2～11月的"城市再生推进恳谈会"上的讨论以及 2001 年 4 月的"紧急经济对策会议"上决定"为内阁设置《城市再生本部》（暂用名）"，从环境、防灾、国际化等角度，瞄准城市再生这一目标推进 21 世纪型城市再生工程的综合性，强而有力地推进土地的有效利用等城市再生的政策措施"。

其结果，2001 年 5 月的内阁会议作出决定，设置以内阁总理大臣为本部长的"城市再生本部"，2002 年 4 月制定"城市再生特别措置法"，6 月开始实行。本法实施后，在对 10 年的实行情况进行研究的基础上再作必要的修订。

"城市再生特别措置法"摘要如下。

①内阁设置"城市再生本部"。

②基于"城市再生本部"的草案由内阁会议决定"城市再生基本方针"，确立"城市再生"的意义、目标，有关政策措施的基本方针等。

③以政令形式规定"城市再生紧急整备区域"，划定可作为对象的区域。

④研究制定有关"城市再生紧急整备区域"的"区域整备方针"，决定整备目的，促进整备所需事项等。

规定"城市再生紧急整备区域"时的思路是：①城市规划、金融等政策措施可集中实施的地区；②预计可提前实现的地区。如指定为城市再生紧急整备的区域，可享受以下主要优惠政策：

·缓和现有用途区域等限制，可设置"城市再生特别区"；

·大幅缩短城市规划手续的审批时间；

·由（财）民间城市开发推进机构提供无息贷款、贷款保证。

（2）区域再生法

为了积极而综合性推动地区的经济活力，从地方角度拓展区域雇用，政府于 2003 年 10 月在内阁设置了"区域再生本部"。2005 年 4 月 1 日设立了区域再生法，该法的设立旨在促进地方经济活力，创造区域就业机会等支援"区域再生"。

以往区域振兴实业的组建，都是由政府单方面立项，而按照该法，区域内的个人、团体都可以集中智慧参与政府的立项策划。区域再生法中：①发放区域再生基础设施强化补助金；②特惠纳税；③补助对象设施的转用审批手续可指定按特例给予援助措施。在区域再生基本方针上，准备了批准区域再生计划的一系列援助措施。

4.3.3　有关大深度地下空间利用的趋向

（1）有关大深度地下空间公益性利用的特别措置法

本法自 2000 年 5 月公布，2001 年 4 月实施。出台的背景是东京都市中心道路的地下空间利用已经很拥挤，而属于民营的地下空间却很少。一方面随着地下掘进技术的进步，即使出现大规模地下构筑物也不会对地面建筑造成影响，另一方面，按目前的掘进能力所及，近年完成的一些地铁工程都到达了根本不可能影响到地面的更深深度了。在技术如此迅猛发展的背景上，如果还存在土地所有者无力企及的地下空间，那么，出于公益目的的利用就赢得了机会。

如果适用本法，随着事业的早日投入使用及土地费用的削减，就可以考虑设定不再受地上情况制约的合理途径了。下文将介绍本法的相关内容。另外，依本法的规定为了进行必要的协商，每个对象区域（首都圈、近畿圈及中部圈）都要由政府相关行政机构以及有关的都道府县设置"大深度地下使用协议会"。

〈目的〉

有关公益事业的大深度地下空间利用，通过对其要件、手续等采取特惠措施，促使该项事业顺利推进，谋求大深度地下的适宜合理的利用。

〈定义〉

所谓大深度地下就是超过如下列举的深度所达到的更深的地下。

①建筑物的地下室及其建设期间通常用不上的地下深度，由政令指定的深度；

②在该地下将要使用的位置上，符合政令规定、通常用于承托建筑物基础桩的地基范围内，按最浅部分的深度加上政令指定的距离所得的深度。

〈对象区域〉

这一基于法律的特惠措施，针对酌量人口集中度、土地利用状况及其他情况，同时有助于公益事业的顺利完成，实行起来确有社会效益，而且是由政令指定的区域。

〈对象事业〉

作为具有较高公共属性的事业，例如公路事业、河川事业、铁路事业、电信事业、燃气事业、上下水管道事业等。

（2）大深度地下空间应用技术指南及其解说

2001年6月完成的本指南，在实行"针对大深度地下公益性使用的特别措置法"时，就属于该法对象的事业所共用的技术性问题的规定，从技术角度对大深度地下设施与地上建筑物等互相影响问题的明确，通过对事业主、土地所有者等相关单位或个人作统一的技术性说明，达到正确而顺畅地运用大深度地下使用制度的目的。该指南对大深度地下的具体定义如图4-3-3及以下两条内容。

①地下室建筑通常用不上的深度（地面40m以下）；

②建筑物的基础部分通常达不到的深度（自承载层上表面向下10m以下）。

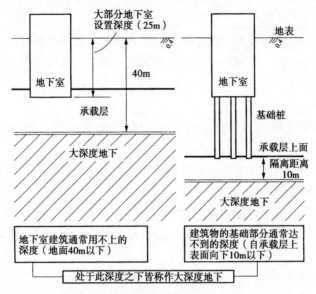

图 4-3-3　大深度地下的定义
（引自:「大深度地下使用技術指針·同解説」）

（3）大深度地下空间利用相关技术开发展望

经过 2000～2001 年度的 "大深度地下利用相关技术开发设想研究委员会" 研究，于 2003 年 1 月完成本设想。今后借助 "针对大深度地下公益性使用的特别措置法" 带来的优势，这类事业的计划、实施值得期待，为了在更高水准上，以多种形式开发大深度地下空间，就必须针对大深度的特性把技术开发推向新高度。

为了在更广泛领域促进大深度地下利用的通用技术的开发，本设想归纳了技术开发的方向性及具体的技术开发项目。

国土交通省通过本设想的发布，对相关民间技术的开发也有所期待。本设想提出的 22 项技术开发课题见表 4-3-2 所列，这里的部分内容在 4.5 节中将继续介绍。

表 4-3-2 大深度地下利用的技术开发课题及主要开发项目

视点	技术开发课题	主要决定开发项目
I	①空间设计技术	·为改善迷路性的导航技术,提供灾情信息及其引导技术 ·方便行动不便者的安全无障碍技术
	②内部环境技术	·营造节能、光·视环境用的长寿命 LED 发光照明技术
	③通风技术	·维护内部环境安全的空气净化,保护地上环境的集尘、脱氮技术
	④防灾系统	·防止延误撤出,从大深度地下撤出时确保安全避难引导时间的快速避难设施,用于火灾等确保安全的早期火点感知系统,控制烟雾流向等技术
	⑤垂直输送系统	·提高大深度出入性能的高速、大载容量的上下移动大坡度电梯、线性垂直输送系统等升降设备技术
	⑥移动、物流系统	·可减轻地面货运负担的地下物流工程,能更有效地承担上下运输的节能型无动力搬运系统等技术
	⑦盾构隧道耐久性	·使寿命周期成本(LCC)最小化、更耐用的管片等设计技术
	⑧构筑物外壳的耐久性、维护及补修	·为延长地下构筑物寿命开发防裂混凝土 ·满足地下构筑物寿命要求,围绕综合成本研究合理的设计基准
II	⑨盾构隧道设计技术	·合理的大深度盾构设计所需的通过大深度地下实测数据积累审核设计方法,确切评估地基特性
	⑩大深度地下构筑物的设计技术	·竖井、NATM 等合理设计所需的通过大深度地下实测数据,积累审核设计方法,确切评估地基特性
	⑪地质调查解析技术	·把握大深度地层所需的不同 N 值的承载地基探测方法,获取隔离井点钻探、三维地基信息的调查解析技术 ·历史上把握、利用大深度特性的钻探数据库
	⑫施工中的调查、量测技术	·为合理进行施工中及使用管理中的长效量测等技术
	⑬地下环境影响评价	·事先评价地下构筑物对地下水等地下环境的影响,对将来的负荷变化,防患于未然的地下水流预测技术
	⑭地下水控制技术	·避免因地下构筑物对地下水等影响导致的地基沉降、地下水变动的地下水监控技术
	⑮竖井掘进技术	·有效构筑大深度竖井的自动化技术
	⑯大型空间的挖掘构筑技术	·高效安全地构筑大型地下空间所需的挖掘岩体的补强等技术
	⑰长距离高速挖掘技术	·构筑大深度、经济型隧道所需的高速长距离盾构机的开发

视点	技术开发课题	主要决定开发项目
Ⅱ	⑱新挖掘技术	·构筑经济型隧道所需的中间地带地基中的山地工法与盾构工法结合的掘进技术的开发
	⑲隧道拓宽、分支技术	·通过大深度非开凿工法由盾构拓宽、分支所用的与辅助工法并用的分支盾构等技术
	⑳多种断面隧道技术	·构筑具有丰富功能的断面形状的隧道所需的非圆形盾构构筑技术
	㉑渣土排出、处理、倒运技术	·高效、减少环境负担的渣土倒运技术以及渣土回收利用技术
Ⅲ	㉒大深度地下利用的评估技术	·判断大深度地下利用效益所需的包括地上环境改善成效的横断评估技术

【视点】Ⅰ：浅、中深度及同等以上更安全地使用。

Ⅱ：浅、中深度及同等以上要在关注环境的基础上更好的使用。

Ⅲ：大深度地下利用的确切评估。

（引自：大深度地下利用に関する技術開発ビジョン、国土交通省、2003.1）

（4）其他大深度地下空间利用相关的手册、指南类

大深度地下是大城市剩下的珍贵空间，一经设置后若再将其拆除将非常困难，所以，为了避免先下手为强、虫蛀式的胡乱开发，就要适宜合理地加以利用。有关安全及环境保护更要给予充分考虑。

在这一背景下，本着"大深度地下空间公益性利用的特别措置法"的精神制定的"大深度地下空间公益性利用的基本方针"列出了大深度地下空间利用的审批条件，同时强调了必须确保安全及环境保护事项，相关的手册、指南等由国土交通省陆续发行。这些手册、指南的摘要见表4-3-3所列，详细内容可到国土交通省的网站等浏览。

表4-3-3　大深度地下空间相关的手册、指南的摘要

名称	摘要
大深度地下空间公益性利用推行无障碍化，提高舒适性方面的指南	本指南作为无障碍化、舒适度方面的要求，于2006年7月由国土交通省发布，主要内容如下： （从无障碍化角度） ①置身于大深度地下空间，不仅老年人、行动不便者，即使健全人利用电梯、自动扶梯的机会也增加了，所以，为了让每个利用者都能平稳地完成移动过程，就要考虑增强电梯、自动扶梯的运送能力。 ②大深度地下受空间感觉的制约，不易辨别方向，常发生迷路性问题，设施之间的位置关系、移动路线的信息传递是重要一环。 ③为了便于老年人、行动不便者平稳地完成移动，需要编制人性化的协助等软件方面的系统。 （从舒适性角度） ①随着设施内温度、湿度、空气、气流、光、声的适当管理，防止设施的漏水，维持舒适、放心的内部环境。 ②为排解大深度地下空间的闭塞感、压抑感，营造更舒适的内部环境，要想方设法在空间设计方面开展研究
大深度地下空间公益性利用的有关确保安全方面的指南	作为安全方面相关事项的具体运用的指南，由国土交通省城市、区域整备局于2005年2月发布，该指南对大深度地下确保安全的思路提示如下： ①尤其处于为不特定多数人利用、经常有人逗留的设施中，要以防止人为伤害为管理目标。 ②关于具体措施和手法，根据每一设施的用途、深度、规模等条件，认真研究对危险、灾害的有效防范措施。原则上，预设好危险、灾害的对象及其具体的防范方法，作为要点提示。 为确保安全应考虑的事项例如火灾危险、爆炸、地震、水淹、停电、急救抢险行动、犯罪活动以及排解地下设施中的不安情绪等
大深度地下空间公益性利用的有关环境保护的指南	作为环保方面相关事项具体运用的指南，由国土交通省于2005年2月发布。对于利用大深度地下空间的事业，要求在有关环保事项上开展必要的调查，采取消除影响的措施，通过这些措施的顺利实施达到事业计划基本方针要求的同时，以大深度地下适宜合理的利用为目的，切实履行审批手续。有关环保的研究项目及其细则如下： ①地下水……地下水、水压下降导致取水困难、地基下沉等； ②因地下设施造成地基位移……大量挖掘泥砂，导致周围地基位移； ③化学反应……大深度地下存在还原性地层由此造成地下水酸性增强等； ④挖掘出的渣土的处理……因泥水盾构工法等产生的污泥等的适当处理； ⑤其他……设施的通风等
大深度地下地基调查手册	本指南把确定大深度地下时所作的地基调查技术性事项编制成手册，2005年2月由国土交通省发布。"大深度地下空间公益性利用的特别措置法"中定义的大深度地下用于确定承载地基的位置，必须利用地基调查结果等资料确切把握地基性状，在对所定的具有强度特性的地基深度、承载地基厚度及其连续性进行评估的基础上确定承载地盘。 确定大深度地下的地基调查及其调查结果用于一系列确定作业中的技术性内容编制的本手册，以事业单位的地基调查能顺利实施，适宜地进行审查为目的

续表

名称	摘要
大深度地下地图、附解说	国土厅以东京、名古屋、大阪三大都市圈的中心为对象，于2001年11月把大深度所涉及的范围以地图形式编辑出版。大深度地下的范围，以每10m深度为一种颜色，将其以地图化的形式显示出来，与显示承载层位置，用于确定范围的图纸汇集编制而成。在大深度地下相关工程以外，这些承载层图纸还可以用来把握支撑大型公共设施、民间建筑物等地下基础的承载层情况

4.4 未来地下空间利用的工程项目

迄今为止对地下空间的利用，主要起因多见于城市范围内的地上空间已经毫无发展余地。但是，有计划的地下空间利用并非单纯用来补充城市空间的不足，地下环境的特性所具备的功能更让人期待，其主要作用分为以下几个方面，表4-4-1所列这些代表性的地下利用的菜单将在下面章节中作摘要介绍。

（今后地下空间的主要作用举例）

①城市据点的形成：

地上、地下活动空间的贯通促进城市的活力及便捷性。

②整备高速交通体系：

为城市活动的平稳、活性化充实交通基础设施。

③与环境相关设施的整备：保护城市环境及景观，为发展提高留出空间。

④生活区、信息电信基础设施的整备：

生活区的强化、水利的强化等防灾功能的改善、强化。

4.4.1 把已经利用地下空间的城市作为据点

（1）城市小型化的基本理念

在人口持续减少的进程中，城市如果原封不动会出现什么局面呢？

住宅建筑向市郊的扩展渐成趋势，使得人口密度正进一步减少，随着城市基础设施的老化，很可能导致部分城市功能的衰退。

而就业人口的减少又限制了税收的增长，可用于城市改建的财政基础被削弱，有人说这就是一个城市走向衰败的预演，问题是在这种事态发展下去之前，必须整备城市基础设施以充实将来的固定资本。

私家车的增多及人口的减少已开始影响到地方城市市郊巴士路线的运营，尽管居住者并未迁移，但是巴士的停运只是时间问题了。这种局面会不会波及公路和其他生活领域，或者不得不承担高额费用维持现状。

表 4-4-1　未来地下空间利用的菜单举例

分类	项目	摘要
①城市据点的形成	中心站商业功能的强化	整备站前地下商业街、地下停车场等，减轻站前交通负荷的同时，以地上商业街地下街的效益倍增效果赢得商业的活跃发展
	交通汇聚点功能的强化	引入新的交通功能、物流功能
	中心站周边道路地下化	通过站前道路的地下化排解交通拥堵，改善站前的周边环境
②高速交通体系的构筑	高速公路大型化	高速公路移设地下，不仅保护地上景观，还可以强化城市功能，恢复市民休憩场所等
	城市铁路地下化	城市铁路的地下化可以更好地保护地上环境，如果大深度利用地下空间还可以缩短站与站之间的直线距离（实际上由于竖井候选地的位置仍难免出现弯道）
	高速铁路地下化	城际铁路等干线交通网的强化可以在地下空间实现，如果使用大深度地下空间，不必顾及地上土地利用状况就可以筹建，还可以直接与主要交通枢纽交汇等获益颇多
	地下物流系统的构筑	城市交通拥堵原因之一的货物运输如移设地下，可以缓解地面交通压力，改善沿途环境
③环保设施的整备	保洁公司、垃圾处理场的地下化	因选址问题备受困扰的保洁公司，垃圾处理场如移设地下，减轻地上环境负荷的同时，还可以由此恢复绿色地面积等
	放射性废弃物的处理	对核电站产生的放射性废弃物的处理、处置可充分利用地下洞室，实现长期的安全隔离
	防灾避难所	修建地下空间用来保护火灾、地震中的受灾民众。通常与地下停车场等合并设置
	地下仓储	确保紧迫情况下粮食、能源的存储，可利用地下空间的特性（恒温性）等修建仓储设施

续表

分类	项目	摘要
③环保设施的整备	逆向物流网络	充分利用地下空间,用来整备与垃圾处理及其回收利用相关的物流系统,相当于从垃圾集散地到资源中心,再转至最终处理场的物流一条龙方式
④生活区、信息电信基础设施的整备	生活区的地下化	随着抗灾等能力较强的城市基础设施的确立,大深度地下的利用还有助于浅层地下空间的利用
	信息基础设施的地下化	谋求光纤等信息基础设施干线的完善,充分发挥地下耐震特性,可确立稳定的信息基础设施干线
	地下河川、中水管道的地下化	以最适当的场所应对城市的市区河水泛滥,而且中水的重复利用也无需再选场地,此外既维持河川流量,又能满足上游用水
	引水渠的地下化	可利用地下空间大范围地构筑水利管网

参考:参考(株)日本工程产业协议会的"为了大城市再生工程的实现——利用地下开展大城市再生工程提案集"2000.12编辑而成。

另一方面,在昼夜间人数相差悬殊的市中心,其基础设施的设计容量往往以白天人数为标准,所以,到了夜间无法充分利用。作为解决这一低效现象的对策,可以考虑让流于郊区化的人口有计划地回归市区,这是城市小型化的基本理念。

(2)有效利用地下空间的城市据点的整备

那些很难再开创出新空间的城市,城建思路正从以往的"平面都市规划"向"立体都市规划"转变。不过,地下空间一旦开发成型就不可能再重建了,所以在准备空间利用之前,城建思路一定要立足于长远打算。

比如,地上部分发挥当地地方特色,为恢复舒适而亮丽的城市景观作了空间布局,地下部分为了提高城市的便捷、舒适、功能性引入基础设施的定位等这些思路是今后的城建工作方向。

照片4-4-1为中央广场地下商业开发的德国莱比锡中央车站。把火车站当做城市据点的关键一环去开发是将来社会应该考虑的重点。

一般情况下日本的地铁车站只按照乘客乘降功能来整备,怎么看也都是枯燥无味的去处,以往这种墨守成规的概念应该弃旧图新。

照片 4-4-1 德国莱比锡中央车站
（引自：家田仁「国土と都市の再生」土木学会誌、Vol. 88、2003.3、p. 40）

　　把更具动态的地下空间作为城市据点的一部分充分加以利用的设想如图 4-4-1 所示。图片是（株）日本工程产业协议会提案的"银座复兴设想"，它已超越单纯"地下街"的概念，俨然一个"打造新型地下城"的提案。仔细看下去，这是银座 4 丁目的一个十字路口，以此为中心南北方向有大型街心建筑，与新桥、汐留地区及有乐町、国际论坛地区形成地下网络，与地面形成一体的安全、便捷的地下都市。地上部分开发了具有商住、办公等综合性大厦；地下部分由地下商业街、生活区、文体设施、大型停车场以及与相邻区域的地下交通网等构成。

　　从现实生活的角度来看计划的实现有一定难度，但考虑今后城市建设的思路仍有参考价值。

　　当然，实现这样的"地下都市据点"还有很多课题有待解决，从土地利用的角度而言，占地面积很可观，而且工程规模需要巨额投资，银座复兴这类设想预计约 2500 亿日元。

　　但是，如果从一个国家在国际上的定位等来考虑，即便有些许可期待之处也值得一搏。

图 4-4-1　银座复兴设想

(引自：(社) 日本プロジェクト産業協議会「大都市新生プロジェクトの実現に向けて
—地下を利用した大都市新生プロジェクト提案集」p. 160)

4.4.2　高速交通体系的构筑

(1) 利用地下的公路网

在德国的杜塞尔多夫，穿越莱茵河的联邦公路约 2km 设在地下，包括周边地上约 25hm² 面积是公园、步行街，完成了对历史文物街区的再生改造（照片 4-4-2、照片 4-4-3）。这项改造工程的特征在于，它并没有为机动车拓宽道路空间，而是把现有的平面公路、高架道路转入地下，把地上空间彻底开放给公园和步行街。这里让我们看到了城市空间再生过程中地下空间利用的一个正确方向。

以当时高速公路的更新为契机还实施了地下公路网与开放地上空间的工程，具有代表性的例子就是以 "Big Dig" 为爱称、令世界瞩目的美国波士顿 Central Artery/Tunnel 工程，这项工程把原有的 6 车道、2 英里的高速公路改建为穿越波士顿市中心的 8～12 车道地下高速公路（照片4-4-4、照片4-4-5）。通过高速公路的地下化改建，地面拓展出40多英亩土地，以开放空间为中心，土地利用一改往日风貌。

在欧美诸国业已行动起来的这场变革中，日本的高速公路处于什么状态呢？如"高速公路整备水准的国际比较"和"机场、港口与高速公路网的出入状况"（图4-4-2、图4-4-3）所示，未必一定照搬欧美的做法，但是就此认为日本高速公路网的整备尚属过渡期并不为过。

左上：照片4-4-2　杜塞尔多夫联邦公路，地下化之前（1989）
左下：照片4-4-3　杜塞尔多夫联邦公路，地下化之后（1997）
右上：照片4-4-4　波士顿州际公路（Ⅰ-93）改建中的状态
右下：照片4-4-5　波士顿州际公路（Ⅰ-93）改建后的设想
（引自：浅野光行「道路計画、これからの都市の地下利用」土木学会誌、Vol. 87、2002.8、pp. 15-18）

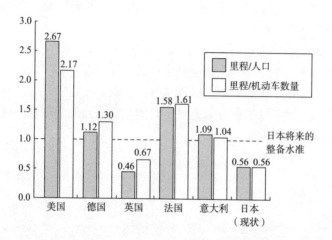

国名		高速公路里程（km）	里程／人口（km/万人）	里程／机动车数量（km/万辆）	里程／国土面积（km/万km²）	里程／$\sqrt{人口 \times 国土面积}$
美国		88727	3.27（2.67）	4.30（2.17）	95	17.6
德国		11400	1.39（1.12）	2.58（1.30）	319	21.1
英国		3303	0.56（0.46）	1.32（0.67）	135	9.7
法国		10300	1.75（1.58）	3.19（1.61）	187	18.1
意大利		6957	1.21（1.09）	2.05（1.04）	231	16.7
日本	2001 年末（当时）	7843	0.62（0.56）	1.11（0.56）	207	11.3
	21 世纪初	14000	1.11（1.00）	1.98（1.00）	370	20.2

注：德国、英国、法国为 1998 年；美国、意大利为 1997 年；日本为 2001 年末（当时）的高标准干线公路通车里程。

※ $\sqrt{人口 \times 国土面积}$ ＝被称作国土系数的一个概念，用面积和人口表示国土大小的指标之一。

※ 里程／人口、里程／机动车数量中的（）是以日本将来（21 世纪初）的整备水准为 1 的比值。

图 4-4-2　高速公路整备水准的国际比较

(引自：资料「日本の道路　暮らしと産業の道づくり」国土交通省、2002)

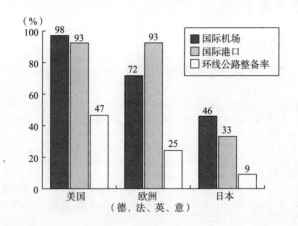

	美国	欧洲	日本
国际机场	98%	72%	46%
国际港口	93%	93%	33%
环线公路整备率	47%	25%	9%

※1：高标准干线公路等若干换接后 10 分钟内可到达的设施数 / 对象设施。

※2：拥有环线公路的城市比例。

注 1：日本 1997 年末；美国 / 机场 1995 年、港口 1993 年；欧洲 / 机场 1995 年、港口 1992 年。

2：对象机场指开辟有国际线定期航班的机场。

3：对象港口，在欧洲指货物的年吞吐总量在 1000 万 t 以上，在美国、日本指年进出口货物在 500 万 t 以上的港口。

图 4-4-3 机场、港口与高速公路网的出入状况、环行线整备率

(引自：资料「日本の道路 暮らしと産業の道づくり」国土交通省、2002)

在这种形势下，首都圈等大城市道路的整备追不上机动车流量的增速，最终导致的混乱、慢性拥堵，不仅降低行车速度，耽误时间，增加的油耗还会加剧温室化气体 CO_2 以及酸雨成因氮氧化物（NO_x）的生成。关于如何整备道路才能减少拥堵的讨论今后还要继续下去，至少要进行网络化整备。

小贴士 –11

就是这么快！
——中国高速公路网的整备

　　中国政府把高速公路作为 21 世纪国家经济发展的基础，第 9 个五年规划（1996～2000 年）提出总里程 3.5 万公里的"五纵七横"（五条南北干线，七条东西干线）的汽车专用主要公路网计划。于是，1990 年代初期还只有 500km 的高速公路到 2002 年已达到了约 2 万 km，预计到 2007 年（2006 年当时）将开通 3.5 万 km 的高速公路网。

　　在这种形势下，又出台了"7918 计划"，即用此后的 20～30 年把人口 20 万以上的城市都纳入高速公路网的计划。具体内容包括：由北京放射状向外铺展出"7"条公路，全国南北纵断"9"条公路，东西横断"18"条公路，据称总里程将达到 8.5 万 km。相比之下，日本 1.4 万 km 的目标其进展率略超 60%。中国国内汽车迅猛普及的进程增加了环境负担，这方面的担忧及地方政府财政负担的增加又蒙上了一层阴影，这类声音时有耳闻。

中国主要机场、港口与高速公路

（引自：Logistics No. 2、Vol. 1、株式会社ジェイレップ・ロジスティックス総合研究所、2006）

　　再具体地从首都圈高速公路网来看，一般放射状与环线公路适当平衡是最佳网络状态，如图 4-4-4 所示，相对于欧洲城市里以高质量资产所称道的较高的环线公路整备率，首都圈环线公路的整备率目前只有约 20% 左右，不进市中心的过境交通流量很大，只有 4 车道的市中心环行线呈慢性拥堵状态。

　　为了扭转这种局面，首都圈的中央联络线（圈央道）、东京外环线及首都高速中央环线这一常讲的首都圈三环公路等相关整备工程就成了比较有难度的课题，也正是这些整备工程凸显出地下空间这一新的用武之地。

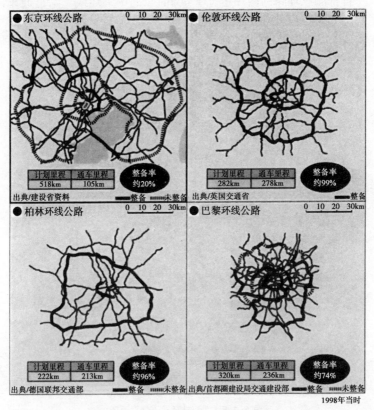

图 4-4-4　世界主要城市的环线公路比较

(引自：国土交通省资料)

以下是对东京外环线道路与首都高速中央环线品川线的概略介绍，其他如横滨环线等大部分也都作了地下道路的规划。

a）东京外环道路（大泉～东名之间）

定位于首都圈 3 环道路中央环线的东京外环道路的大泉～东名之间，于 1966 年由城市规划制定，但后来由于其他原因，原计划被冻结（图 4-4-5）。按当初的城市规划准备采取高架方式，但顾及沿线环境等问题，现改为移设地下，用盾构工法还是箱式开凿工法尚在研究中，目前按 PI（公众参与）方法的计划正在向前推进（图 4-4-6）。

b）中央环线品川线

首都圈三环路的内环定位于 46km 长的中央环线，除已通车的

图 4-4-5　东京外环线道路平面图
（引自：東京外かく環状道路（関越道～東名高速）の計画のたたき台、
国土交通省関東地方整備局、東京都都市計画局、2001.4）

● 按现计划汽车专用道路与干线道路的范围集约，形成全线地下结构的汽车专行线。另外，选择地下还可以考虑其他挖掘结构。

地下结构形式

项目	盾构结构	箱式开凿结构
	无须地上挖掘，只从地下如土拨鼠一般靠盾构机构筑隧道	地面一经开挖，就开始建造道路箱涵构筑物，然后回填。
断面		关于地上部分的利用有多种现状。
结构等	·可以把地面施工部分控制在最小限度。 ·可保持地面建筑物的现状，而且包括地区所用的道路、绿化带、公园等，可进行二次城建。 ·隧道内产生的废气由通风装置处理、排出。	·由于从地上开始掘进，施工中要迁移建筑物。 ·回填后的地面部分要重新复建，包括地区所用的道路、绿化带、公园等城建设施。 ·隧道内产生的废气由通风装置处理、排出。

除此之外的地下部分可考虑半地下结构。

图 4-4-6　高架方式到地下方式的计划变更
(引自：東京外かく環状道路(関越道〜東名高速)の計画のたたき台、国土交通省関東地方整備局、東京都都市計画局、2001.4)

东侧区间以外，王子线于 2002 年、新宿线的池袋〜新宿间也于 2007 年开通，新宿〜涉谷间预计将于 2009 年开通。

连接新宿线的品川线成型于中央环线南侧，从中央环线新宿线及大桥一丁目的高速 3 号涉谷线的连接部分开始，形成充分利用公共空间的环行 6 号线（山手街）及穿越目黑川水下的高速沿海线约 9.4km 长的路线（图 4-4-7）。由于变成了市中心的高速公路，计划全线采用地下穿越方式，2004 年 11 月，获都市规划批准，预定在 2013 年竣工，工程由东京都和首都高速公路（株）协同推进。

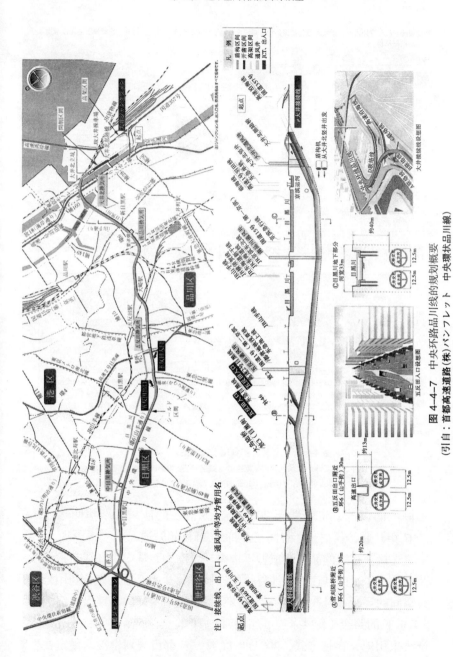

图 4-4-7 中央环路品川线的规划概要

（引自：首都高速道路（株）バンフレット 中央環状品川線）

小贴士 -12

当前高速公路已计划得很充分了吗?
——首都圈高速公路网补足途径

本文介绍的是策划中的高速公路网,而市中心高速公路网难道仅此足矣?

调控着 46 万辆 / 日的交通流量的市中心环线,在中央环线全线完成之后其功能依旧。而开通的最初 40 年里,经过成年累月磨耗加上交通负荷、结构件老化等,迟早要更换可满足社会需求的结构件。到那个时候还能调控当时的交通流量吗?

现在东京圈市内的高速公路网可以说既成事实,但尚存些许欠缺,常去那里的人是不是会有如下奇怪感觉。

·首都高速 1 号线过了上野在入谷中断。

·准备从关越道进市中心,要一度离开高速公路。

·首都高速 2 号线在目黑中断,或走单侧 3 车道的第三京滨在玉川下,只剩单侧 2 车道的八环。

在这种情况下,作为网络的潜力很难发挥出来,有鉴于此,(社) 日本工程产业协议会(JAPIC)做出了大深度地下开发的路线整备提案。

图 首都高速公路网补足途径

(引自:高速道路と都市の機能向上を目指した方策の検討—首都圏高速道路ネットワーク整備試案—、JAPIC 大都市新生プロジェクト研究会、2004.5)

（2）利用地下的铁路网

自 1927 年东京地铁（浅草～上野间）开通以来，充分展示了地铁作为大城市不可或缺的城建基础设施的功能。2001 年 7 月，全国有 38 条线路、665km 总里程的地铁投入运营，东京的东京城铁的 8 条线路有 177km，都营地铁的 4 条线路有 109km，大阪市营地铁的 7 条线路有 116km，名古屋市营地铁的 5 条线路有 78km 在运营，目前还有多条线路在计划当中。

2000 年的运输政策审议会报告书第 18 号在"东京圈以高速铁路为中心交通网整备基本计划"中出示的东京圈铁路网如图 4-4-8 所示，其中大部分开始利用地下空间。

下面通过小田急线、京王线让我们看一看为了实现"现有城市铁路的地下连续立体交叉"和维持、提高国际竞争力，"进出机场的铁路"的重要性。

a）现有城市铁路的地下连接立体交叉

大城市郊外的交通高峰时间尚未解除，城市各铁路公司以增加车次应对大客流，可结果却导致"忙不迭的平面道口"越来越多。现在陷入"瓶颈"的交叉道口（道口交通受阻量 5 万辆/日以上，或交通高峰时间每小时堵车 40 分钟以上的道口）全国约 1000 处，给所在区域社会和交通造成很大障碍。

作为对"瓶颈"道口的根本解决办法，连续立体交叉是其中之一，具体实施有高架式和地下式两种方法，过去多采用高架式，随着盾构等技术的发展以前无法挖掘的如今都可以施工了，因此，不难预见今后地下连续立体交叉还会增加。

可作参考的一例是图 4-4-9 和图 4-4-10 所示的京王线与小田急线地下连续立体交叉工程计划的概略图。预计京王线于 2012 年、小田急行于 2013 年完工。

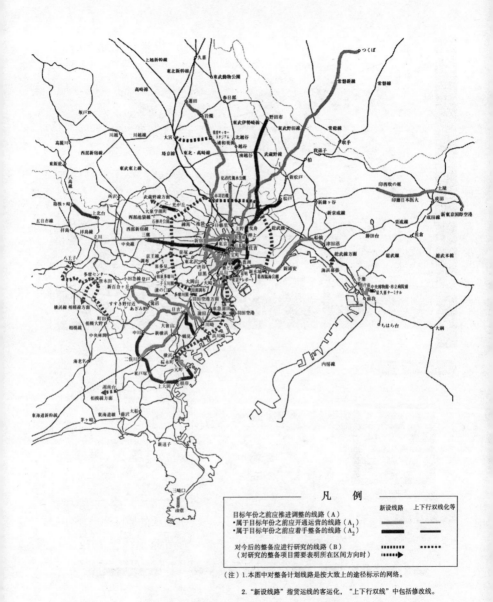

凡　例

目标年份之前应推进调整的线路（A）
• 属于目标年份之前应开通运营的线路（A₁）
• 属于目标年份之前应着手整备的线路（A₂）

对今后的整备应进行研究的线路（B）
（对研究的整备项目需要表明所在区间方向时）

新设线路　　上下行双线化等

（注）1.本图中对整备计划线路是按大致上的途径标示的网络。

2."新设线路"指货运线的客运化，"上下行双线"中包括修改线。

图4-4-8　东京圈铁路网（运政审18号报告书）
（引自：数字でみる鉄道2006、（財）運輸政策研究機構）

185

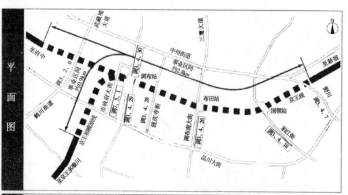

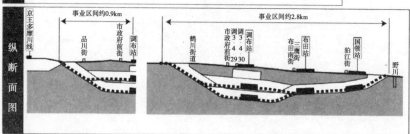

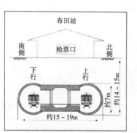

图 4-4-9　京王线地下化规划概要
（京王电铁（株）提供）

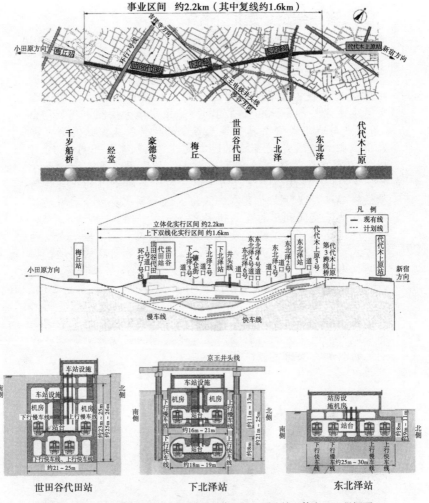

图 4-4-10 小田急线 东北泽～世田谷代田的地下连续立体交叉工程概要
（引自：Odakyu Handbook 2006、小田急電鉄㈱）

小贴士 -13

修高架路还是地下路？

——关于小田急线连续立体交叉（高架化）工程下马的诉讼

　　2001 年 10 月 3 日，东京地方法院就东京都小田急线连续立体交叉工程（喜多见站附近至梅丘站附近）作出撤销国土交通省地方整备局批准立项的判决。东京地方法院审判长指出"高架式与地下式哪个具有事业费上的优势？未经认真研究即采用高架式，这是明显的错误决定。"可是到了 2003 年 12 月 18 日，东京高等法院推翻了原判决，居民原告方败诉，并于 2006 年 11 月被最高法院驳回上诉，对于当时批准的正当性给予最终确证，实际上也有看法认为，这一判决是为今后城建工程以及地下空间利用打下的伏笔之一。

　　连续立体交叉工程大致可分为"高架式"和"地下式"两种方式，一般来讲"高架式"存在噪声和影响景观的问题，但节省工程费用，工期也比较短；"地下式"虽然工程费用高，但噪声以及对景观的影响要小得多。

　　在"用高架还是地下"的选择中不单是工期和工程费用问题，还须考虑征地费用、噪声、景观等环境价值；更长远的还有房地产价值等方面的影响以及寿命周期的环境影响等都要作量化的测算，给出定性评估。

小田急行双线化工程（高架式）完工后照片

b）进出机场的铁路设想（大深度地铁）

在激烈的城市竞争中维持、提高国际竞争力与强化机场这一国门的功能密不可分，成田机场暂用跑道的启用、羽田机场的二次扩建工程都属于这方面取得的进展。日本航空市场的需求量将来有进一步增长的趋势，现在从东京市中心到成田机场，如果搭乘京成空铁联运电车或 JR 东日本的成田快车需时将近 60 分钟，与国外主要机场的同类情况相比要多出很多时间。2001 年成田机场的流量实绩为 2700 万人 / 年，按今后增加的国际航空市场需求，到第 7 个机场整备七年计划的 2016 年预计将增至 4260 万人 / 年。成田附近的成田新高速铁路预计 2010 年开通，为了缩短进出港时间，有效应对将来航空市场发展的需要，必须整备更高速的进出港途径。

图 4-4-11　首都圈机场与高速铁路协同发展的构想
（引自：「国際都市東京」新生に向けた機能強化方策の検討―首都圏空港連携高速鉄道
（成田～東京～羽田）の試案―、（社）日本プロジェクト産業協議会（JAPIC）
大都市新生プロジェクト研究会、2004.5)

在这一背景上，（社）日本工程产业协议会（JAPIC）作了有关进出港工程的两个提案，其中"首都圈机场与高速铁路协同发展的构想"充分利用大深度地下，把成田机场与东京市中心、羽田机场连成一线，第1期通过大深度地下空间把北总公团线的矢切站与东京站连起来，这一新线路构想如图4-4-11所示。而所谓"纵断东京湾线的构想"则准备利用新地铁线把东京站与东京沿海部、羽田机场连接起来（图4-4-12）。

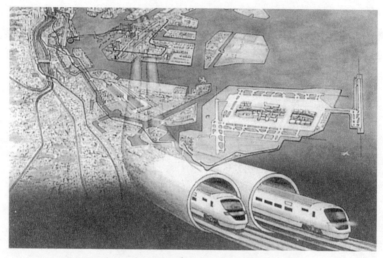

图4-4-12　纵断东京湾线的构想
（引自：東京駅～東京臨海部～羽田空港を結節する新たな交通軸の提案
ベイエリア縦断ライナー、（社）日本プロジェクト産業協議会（JAPIC）
大都市新生プロジェクト研究会、2005.1）

千叶县和神奈川县与成田、羽田机场之间还有一个用磁悬浮列车连接的构想，同样有利于扩建受限的成田机场和羽田机场的新生、功能的提高，是可以保持日本在亚洲国际竞争力的工程。由于优先考虑线路的速度，所以预定使用大深度地下空间。

总之，机场进出港的改善是广大民众的殷切期望，在这些构想当中地下空间已被定位于极其有价值的选择。

小贴士 -14

铁路职工多年的梦想就要实现了！？
——磁悬浮中央新干线的推进

1973 年，遵照"全国新干线铁路整备法"制定了建设中央新干线计划。随后，受技术性课题及国铁改革的影响，计划的进展未能如预想那样快，但最近几年又看到了新的起色。主要担纲这一工程的东海铁路客运株式会社（JR 东海）把首都圈～中京圈的一期工程开通运营目标时间定在 2025 年，以独自承担为前提订立了工程推进计划（2007 年 12 月），目前，地形、地质调查等工作正在积极展开。

1 小时连接首都圈和近畿圈的磁悬浮中央新干线的前景，面临"超导磁悬浮式铁路技术的确立"和"引入大城市圈时空间的确保"两大课题。对于前者，山梨县的磁悬浮实验线已经做了多次运行实验，评价认为大致技术目标可以确立。而对于后一课题，按以往方式通过权利平衡，很难为解决事业受阻或追求提速确保一条取直的捷径，而按照"有关大深度地下公益性利用特别措置法"精神，就可以不受地上条件的制约，确保最大限度发挥磁悬浮高速的途径。

首都圈～中部圈～近畿圈全程 500km，其中一半以上处于隧道区间，如能实现，日本的地下空间构筑技术必定会从一显身手跨越到全速发展的巅峰。

左：山梨县磁悬浮实验线、**右**：磁悬浮中央新干线的设想途径

4.4.3 与环境关联设施的整备

如果说日本在经济发展的过程中付出了一定的环境代价并不为过，其间造成的或多或少危害中，可用来修复的空间在地面以上部分已很难再找到了，于是，对地下所能发挥的作用抱以很大的期待。

（1）包括废弃物运输在内的基础设施网络

人类在"经济发展"、"资源、能源、粮食确保"、"保护地球环境"这三者之间反复交替换位，困窘于"三重矛盾"的局面。随着经济的增长，以能源为首的资源消费不断增大，迟早会面临全球性资源枯竭的一天。经济增长、资源消费的增大，正以各种方式加速环境的恶化，把全世界推向环境容量的底限。另一方面，从东京市中心地下的基础设施现状来看，中浅深度地下已拥挤到近于满员的状态，从今后城市功能的提高、环境问题的解决以及防灾功能的完善等问题考虑，基础设施的质与量都表现出严重不足。

在这种背景之下，早稻田大学以囊括东京市中心及其周边地区的菱形基本网络作为宏伟蓝图，倡导"东京大深度地下基础设施网构想"，其重大意义尤其表现在选定的几大途径是实现计划的有效手段，这一菱形基本网络的线条部分是隧道，交叉点相当于竖井，隧道里面可以容纳以城市生活垃圾为首的物流用空间、余热供暖管线、上下水管道及通信光缆等这样一种构想（图 4-4-13）。

（2）利用地下空间的垃圾处理场

企业、家庭中一般废弃物的发生量随着再资源化等减量处理的努力已开始减少，但年间仍达 5000 万 t，产业废弃物近 4 亿 t。一方面，由于对环境等关注度的提高，遭人避讳的处理场选址问题面临了极大困难，另一方面，构成国民生活根基的垃圾处理问题是当务之急，在政府或地球环境这一更大角度上，垃圾处理场必须稳妥地给予适宜解决。

为了排解这一烦恼，（财）工程振兴协会提出建立"山地地下式垃圾处理场"的提案，地理位置背靠硬质岩盘的地方城市等可充分利用岩石硬度修建地下垃圾处理场，所以，在今后的垃圾处理场计划中可将其列为有效手段之一（图 4-4-14）。

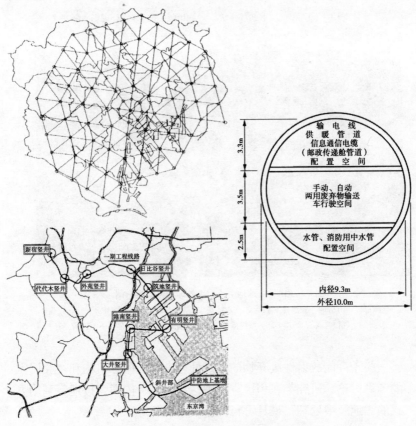

图 4-4-13　东京大深度地下基础设施网构想

(引自：森麟、小泉淳編著「東京の大深度地下〔土木編〕具体的提案と技術的検討」
早稲田大学理工総研シリーズ 11、1999.2)

（3）放射性废弃物的地下处理

日本的发电量中有 1/3 来自核电站，由这里排出的放射性废弃物大致分为高能和低能两种，从用过的核燃料中分离、回收铀和钚之后仍有较高放射能的液体废弃物叫做高能放射性废弃物。日本对这类废弃物已经采取贮藏、管理措施，但长久处在这种状态下必须始终监视下去，不知什么时候才能脱离人为管理的模式，为此，必须找到一种合适的转换方法。

图 4-4-14　山地地下式垃圾处理场系统概念图
(引自:「山岳地下式清掃工場システムに関する調査研究報告書」
(財)エンジニアリング振興協会　地下開発利用研究センター、1997.3)

　　关于高能放射性废弃物的最终处理方法，国际机构和有关国家的各种讨论、研究都在积极进行中，起码就目前而言按地下利用方式的"地层中处理"最具可行性（图 4-4-15）。

　　在日本，将高能放射性废弃物以玻璃固化方式使其保持稳定状态，经过 30～50 年的冷却贮藏之后，再移至地下超过 300m 的深度上做所谓"地层中处理"，并以此作为日本核废料处理的基本方针。做这种地层中处理时大致分为构筑人工屏障和由天然屏障构成的"多重屏障系统"两种方式（图 4-4-16）。2000 年 5 月，就设立实施处置的主体部门、确保处置经费来源、3 阶段的选址程序等内容，颁布了"有关特定放射性废弃物最终处置的法律（最终处置法）"，以 2030 年代后期为目标启动最终处置程序。

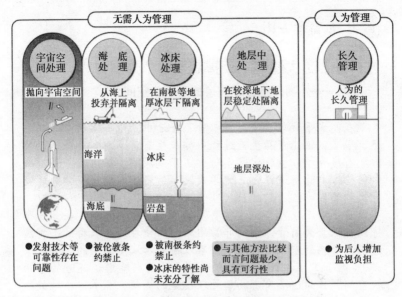

图 4-4-15 高能放射性废弃物处理方法比较

(引自：资源エネルギー庁资料)

所谓"多重屏障系统"就是在地下深处较稳定的地层（天然屏障）
组装多层人工屏障
● 放射性废弃物难以接触地下水。
● 即使接触也不易溶出。
● 溶出后也很难移往其他场所。
● 即使发生移动也有办法拖延影响到人类生活环境的时间。
● 而这期间放射性物质的稀释、分散已削弱了辐射能强度，
通过这些方法把对人类生活环境的影响降至最低限的系统。

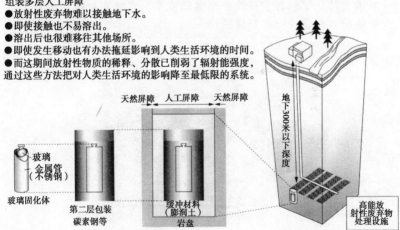

图 4-4-16 地层中处理（多重屏障系统）概念图

(引自：资源エネルギー庁资料)

195

小贴士 –15

螺旋状隧道能支撑洞室！？
——外围环绕螺旋隧道的穹顶状空间

在高水平放射性废弃物以外，生活中产生有害物质的地方还有很多，工业产品生产过程中会产生有害物质，产业活动的收尾有废弃物，生物化学实验少不了病原菌、微生物，还有战争留给人类的负遗产——化学武器。这当中有相当一部分还没有找到处置办法，需要长久监管。

日本国土狭窄，让这些有害物质切实远离人群，找到一个可以确保长久监管的空间非常困难，即便在远离人群的山里埋起来，渗漏到空气、河川中仍难以排除对人类生活的影响。

（财）工程振兴协会提出了以"外围环绕螺旋隧道的穹顶状空间"作为这类有害物质管理设施的提案，原本这个螺旋隧道是用在大型穹顶状地下空间顶板部为岩体加固的构件，是用混凝土填充起来的，如果能确保足够强度也可以在其他用途上作为一种空间来使用。比如，通过螺旋隧道前往监控系统，去采集地下环境数据，理论上这是完全可行的。但是，通过这种隧道监控地下水目前还没见到实际应用，在确立对地下水监控手法等方面这是一个新课题。

图 外围环绕螺旋隧道的穹顶状空间
(引自：「外郭にスパイラルトンネルがあるドーム状空間に関する調査研究報告書」
—高度な管理を要する産業施設などの地下空間への導入に関する検討—
(財)エンジニアリング振興協会 地下開発利用研究センター、2002.3)

（4）解决自行车存放问题的机械化地下存车处

自行车作为一种给成千上万人带来便利的交通工具，深受通勤职工、学校学生的青睐，得到相当广泛的普及。同时，公共场所等地方的存车处也相应地得到发展，而站前存车的增多给行政管理方面带来的麻烦也不绝于耳。

目前的存车处多采用双层挂架式，由于占地面积较大，受用地手续制约设置位置越来越远离车站，可是越远离车站利用率就越低，骑车人的抱怨也就越来越多。

这里所说的自行车机械化存车处建在地下，存车容量高达500～2000辆。无需很大的占地面积，可以建在站前广场或公共用地的地下，所以，车站附近（200m 范围内）也都可以利用（图 4-4-17）。

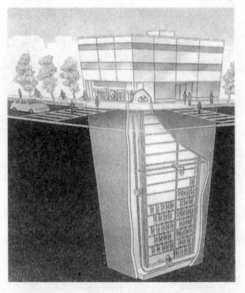

图 4-4-17　地下自行车机械化存车处一例
（引自：機械式地下駐輪場研究会パンフレット）

　　从这一背景出发，东京都江户川区地铁东西线葛西站的站前广场下面，一项地下自行车机械存车处工程正在建设中（图4-4-18）。按计划，要在葛西站东、西广场巴士总站的地下建两座自行车机械化全自动存车处，加上自走式一共可存放9400辆自行车。由于利用地下空间减少了对地面的占用，与一般存车处相比可节省3/4的地面面积，今后可以作为存车处建设的发展方向。

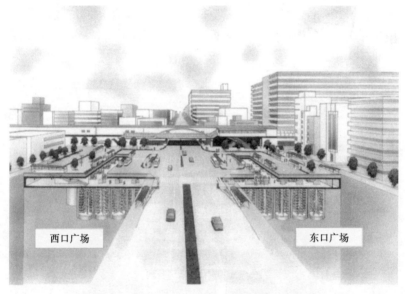

图4-4-18　江户川区葛西站东口、西口存车处完成设想图
（江户川区提供）

（5）临水环境的地下河川、地下通道

　　壮大、普及的汽车行列挤占了地面原有的河道，以往城市里可以为民众提供水景的河川大部分已改为地下暗河，甚至完全填埋用来铺路。可如今人们又想恢复往日的亲水空间，各地都在萌生这种愿望。

　　（社）日本工程产业协议会（JAPIC）准备把现有临水处的低洼河川地带改造成上下两层，上层整备成民众的亲水空间，下层按水利空间构想，提出了道路地下化、地面亲水化的"东京水通道构想"。

　　为了实现这一构想会面临很多课题，这些设想中的场面将定位于地下空间（图 4-4-19）。

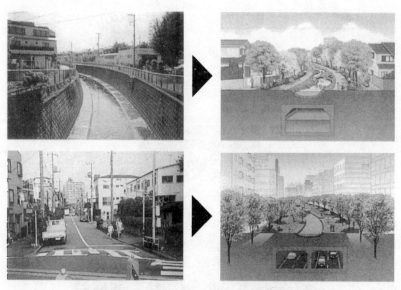

图 4-4-19　道路、亲水都转入地下化开创亲水空间
（引自：東京アクアコリドール構想、JAPIC 水资源対策委員会水資源開発研究会、
　　2001.3）

小贴士 -16

高速公路地下化的前景如何?
——日本桥周边首都高速公路的前景

　　日本桥周边的发展始于江户时代，它不仅体现在经济方面，日本的政治、文化都以这里为中心发展了起来。日本桥作为国家道路历史的原点已广为人知，如今这一带以日本银行为中心的金融机构和三越等老字号商铺鳞次栉比。以1963年的东京奥运会为契机又开通了覆盖日本桥的首都高速公路，这一地段作为市中心环线的组成部分至今仍为东京都的交通发挥着重要作用。

　　为了重新拾起日本桥周围的城市景观，恢复往日的繁华，对遮盖了日本桥这一历史象征的高速公路就没有办法了吗？近年来这类议论此伏彼起。具体方案例如，与附近的开发项目结合起来，可以按高架式对高速公路做一体化整备，也有将高速公路地下化的整备方案，从其他国家的例子来看，波士顿的高速公路地下化目前正在进行中，韩国的清溪川尽管不如东京的市中心环线那样重要，但还是拆除了已建好的高速路，恢复了河川原貌。

　　日本桥所处的情况，若实行地下化在技术上并没有问题，但靠近大型接续线的江户桥JCT，在技术、项目及财政等方面也会遗留很多问题。

　　日本桥应不应该地下化，不仅表现在成本造价上，围绕"在与城建的协同方面高速公路摆在什么位置"这一重要命题争论也在继续。

变成这样？

上：上空被首都高速公路遮盖的日本桥
下：实现高速公路地下化的设想图
(引自：日本橋地域から始まる新たな街づくりにむけて（提言）、
　　　日本橋川に空を取り戻す会、2006.9)

4.5 地下空间设计与技术前瞻

城市空间被复合、重叠利用的进程中，受地上空间的制约以及对来自景观、生活环境等问题的考虑，地下空间的利用就成了有效选项之一，选择面更宽了。今后值得探索的地下空间将从更深、更长、更大型的角度着眼，迎合这类需求就要具备更先进的技术，建设单位自身要确保其责任义务，也相应地需要更高精度的评估水平。

下面 4.5.1 这一章节将讲述地下空间设计思路，4.5.2～4.5.4 介绍各相关技术开发要点的方向性等方面内容。

4.5.1 地下空间设计思路

配合 1960 年代经济的高速发展，日本的社会资本整备发展很快。这一时期首先把短时间内的大量"产出"置于优先位置，结构件的设计也趋向单纯化、简便化，继而将其规范化地大范围使用，其结果就是能大量生产具有较高质量和性能的构筑物，但是，另一方面这种构筑物的设计方法一成不变，面对不同的利用形式或需求上的变化，作满足多种功能的设计时就会受到局限。

走进 21 世纪的今天，像这样比较集中建造起来的构筑物往往都趋于老化了。而日本人口预计在 21 世纪将加速减少，将来的社会资本积累及整备所需财源等课题接踵而至，所以，今后的社会资本积累中不仅增设构筑物的技术，同时，对现有构筑物的维护管理以求长期继续使用的技术也摆到了重要位置上。亦即完成从构筑社会资本的"产出"行为向如何按其形态去科学"使用"的转换。

对今后地下空间的利用有所考虑之后，地下构筑物在这方面也不能例外，其设计思路同样需要一次转换。也就是说，把过去以"产出"为前提的设计技术转换为彻查"使用"功能，在维护管理方面也同样适用的设计方法。

再进一步讲，这还不是过去那种仅以地下空间利用为前提的计划、设计，尤其城市的地上与地下，以两者综合起来的"宏伟构想"为基调作计划、设计至关重要，应开创一种以综合考虑"使用"为出发点的设计方法为宜。有鉴于此，下面就看一看有关将来地下空间利用的设计方法（地下计划设计）的基本思路。

（1）宏伟构想与"地下宏伟构想"

地下空间设计（地下宏伟构想）是包括地上环境、设施等在内的"宏伟构想"的一环来进行的。

所谓宏伟构想就是一种兼顾地上空间和地下空间相互作用的设计，图4-5-1是具有代表性的一例。充分把握地上空间和地下空间的特性，达到两者的有效利用是这种设计方式的基本要求。

横滨站地下　　　　　　　　　　　　饭田桥站地下

图4-5-1　兼顾地上空间和地下空间的宏伟构想一例
（引自：新たな価値を生む空間 大深度地下〜動き始めた大深度地下利用〜、
国土交通省都市地域整備局 大都市圏整備課 大深度利用企画室パンフレット）

图4-5-2是地下宏伟构想的流程。地下宏伟构想的基本要求是，在明确了符合利用形式的功能和空间环境的基础上，确保相应的性能（能力）。这里所说的功能是由利用设计与空间设计决定的。

利用设计指设置好利用地下空间的目的，按其目的决定空间应具备的功能这一过程。如第2章讲过的那样，地下空间利用形式多种多样，比如，仅就城市生活基础设施方面就有上下水道、电力、燃气、通信设施，共用沟及交通、商贸相关的设施（地下商业街、地铁、通道、停车场等）。利用地下空间时，首先要明确利用目的，

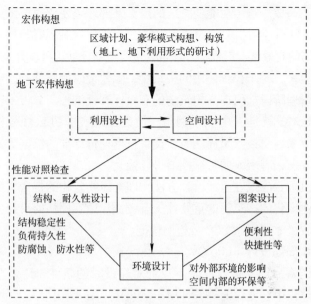

图 4-5-2 地下宏伟构想的流程

同时还要从安全性、便捷性、舒适性及经济性等方面出发决定地下
空间应具备的功能。

空间设计是在决定了地下空间的利用形式后，决定空间形态
要素（空间的形状、大小）、环境要素（温度、湿度、采光、色彩、
声音、振动等）、结构要素（结构件及形成空间的部件材料要素）
等基本功能的行为过程。利用设计与空间设计互相关联纠结在一起，
所以，把两者综合起来考虑决定地下空间的功能是很重要的一环。

如果决定了地下空间的应用功能，就要从构筑物的结构安全性、
环境性、构思的角度，把相应的性能详细明确下来，以便于对照核查
是否满足这些功能。而构筑物将在长达数十年的地下提供这些用途，
因长久使用过程中外部环境的变化，结构件要承受各种外因作用的影
响，所以，设置的功能不仅针对建设之初，还要考虑投入使用过程中
乃至多年以后，结构上安全性、耐久性会发生哪些变化，环境、经济
形势会怎样演变，以及需要随着这些变化作的变更或技术革新等，给

使用形态造成影响（功能变化）的广义外部环境变化也要考虑。深一步说，针对使用当中结构件发生的功能变化要进行再设计，同时，对构筑物的有效性、对周边环境也要进行重新评估（再设计）。

近年来，对于长年使用的构筑物，除建设时的条件外，还要考虑维护管理阶段如何提高构筑物的有效性和经济性。分析寿命周期成本（LCC）就是其中一个例子。但是，现实中的 LCC 分析，在作费用效果、受益效果评估时，设置技术评价标准的依据等往往都是模糊概念，有多大的可靠性值得怀疑。

按道理，应该在上述设计方法，即考虑构筑物的寿命周期，对有岁月性变化的构筑物的重要性、有效性作适宜评估的设计方法制定好之后，才能用做 LCC 分析的依据。

（2）寿命周期设计（Life Cycle Design）

所谓寿命周期设计就是不仅针对建设时的条件，还要合理接受使用过程中有变化的外部环境影响（作用）、使用形态上的改变，能适宜地修改功能及所要求的性能，是一种可以对长久、持续使用的构筑物的有效性作评估的设计方法。所以，如果能建立寿命周期设计的具体评估、检查方法，那么，即使构筑物使用中社会环境等发生变化，而相应的维护管理、重新构筑的整备计划就仍可以合理进行下去，并于实行期间承担起广泛的责任、义务。

但是，寿命周期设计是最近提出的新设计理念，在与 ISO 旗下的构筑物设计国际标准进行整合的同时，也期待着它能早日确立。后面将通过最新研究成果对寿命周期设计的基本思路作一介绍。

a）LCD 中的基本设计思路

寿命周期设计需要明确随岁月变动的环境要素和构筑物应该保持的性能之间的相互关联性，为此，首先就要把外部环境、功能和性能作为 Phase 区分开，整理出它们之间的关联性。图 4-5-3 所显示的就是这些 Phase 的相互关系，这里称其为 LCD 的"互动鸟"。

图 4-5-4 表示随岁月性环境变化出现的各 Phase 之间的相互关联。外部环境、功能以及性能的各 Phase 的相互作用用 Action 1、Action 2、Demand 1、Affect 1 表示。

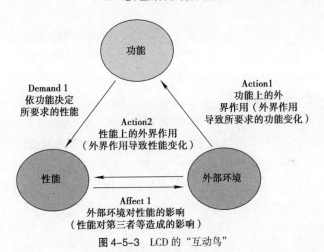

图 4-5-3 LCD 的"互动鸟"

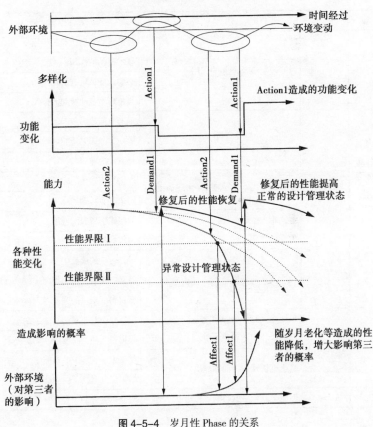

图 4-5-4 岁月性 Phase 的关系

Action 1 是因外部环境变化对功能造成的影响，Action 2 是构筑物自身老化因素等来自外部环境对性能的影响。依功能要求的性能用 Demand 1 表示。Affect 1 是因性能降低导致的对外部环境的影响（对第三者的影响）。

表 4-5-1 以隧道构筑物为例列出 Action1、Action 2、Demand 1、Affect 1 的具体评估项目。表 4-5-2 是在参照 ISO2349 等基础上，对表 4-5-1 中的作用进行的分类。这样，通过设置 LCD 互动鸟适宜地抽出、选定构筑物使用中各种变化的要因，以便合理地实行使用中的重新整备计划。

表 4-5-1　各 Phase 的相互关联

Phase		作　　用	具体内容
外部环境	Action1	社会环境变动所起的作用	经济形势变动所起的作用
			技术革新的作用
			必要的变革所起的作用
			气象环境变动所起的作用
	Action 2	来自隧道周边地基环境的作用	地形方面要因所起的作用
			地质方面要因所起的作用
			地下水的作用
		来自隧道内环境（使用环境）的作用	周边环境岩体的作用
			周边环境衬砌的作用
		邻接施工所起的作用	邻接施工所起的作用
		地震的作用	地震的作用
		技术革新的作用	设计方法的提高
			补强、补修工法的提高
			新材料、工法的开发
功能	Demand 1	根据建设时要求的功能决定	根据建设时要求的功能决定
		由期待的使用功能决定	根据投入使用时要求的功能决定
		基于维护管理上的功能决定	基于维护管理上的功能
			根据修复时要求的功能决定
性能	Affect 1	性能下降带来的影响	对使用隧道的人及器具的影响

表 4-5-2　以 ISO 基准等为基础，认识作用的实例

作用种类	定　　义
荷　　载	作用于构筑物上的集中或分散的力的汇集（直接作用）
间接作用	由构筑物内部发生的变形、强制变形而形成的一种作用力，在现行设计法中称其为"影响"，亦即潜伸的影响、干燥收缩的影响、地基变动的影响、支点移动的影响、地震的影响、温度变化的影响、紧邻施工的影响等使构筑物受到力的作用，用荷载这一词汇已不够贴切
环境作用	力学性、化学性或生物化学性质的结构材料发生老化，对安全性、实用性造成不良影响等由这些原因产生的作用。例如，湿度、温度、盐分、酸碱度等

b）设计评价、性能对照检查的思路

构筑物的设计要满足由前述各项 Phase 的相互关联确定的性能。也就是设置要求达到的具体性能项目（详细性能）和与其相应的界限状态，然后着手设计构筑物。

表 4-5-3 具体表示出设计对象的性能。这里的性能指构成构筑物安全性方面的结构性能、耐久性能、抗震性能以及交工后的使用性能这几种类型。结构性能是针对力学作用、变形等方面的性能；耐久性能是针对构筑物老化后的承受性能；抗震性能是有关对象构筑物与周边地基抗震性方面的性能；使用性能是应构筑物的使用目的所要求的便利性、环境及图案装饰等性能方面的考虑。具体的性能条目决定下来之后，对其做性能对照检查时就可以相应地设置限界状态了。

表 4-5-4 表示限界状态的种类及其思路。性能限界Ⅰ主要针对构筑物使用性能的限界状态，性能限界Ⅱ是构筑物结构安全性能的限界状态，未满足性能限界Ⅰ和性能限界Ⅱ的构筑物不易使用，或处于不能使用的状态，意味着其结构处在一种危险状态上。

所以，要在出现这些状态之前对构筑物进行修复施工，以期恢复或提高性能。图 4-5-4 显示包括投入使用中的具体修复在内的提示图。

表 4-5-3　各种性能及其详细性能举例

性能的分类		基本思路	详细性能
结构安全性能	结构性能	直接作用、间接作用下地基与构筑物的性能	负荷保持性能
			附加外力支撑性能
			变形特性性能
			结构稳定性能
	耐久性能	间接作用、老化作用下地基与构筑物的性能	防水性能
			防腐蚀性能
			化学腐蚀下的性能
			物理性老化下的性能
	抗震性能	地震等灾害下地基与构筑物的性能	地震中的地基性能
			地震中的结构性能
使用性能		投入使用后的相关性能	针对用途的便利性、附加价值（附带的利用）
			恒常性（恒温性、恒湿性等）
			隔离性（遮挡性、隐秘性、寂静性）
			环保型（噪声、振动、爆炸、放射性等）
			有关人类心理、生理方面的舒适性等

表 4-5-4　限界状态种类及其思路

限界状态的种类	定　义
性能限界 I	主要指构筑物使用性能方面的限界状态
性能限界 II	主要指构筑物结构安全性能方面的限界状态

　　上面介绍了寿命周期设计的基本思路，但详细性能的分类和选择方法、性能限界的设置方法等具体设计手法的整备属于研究阶段的工作。为此，作寿命周期设计时如何合理收集因岁月造成外部环境变化、多样化的使用形态的变化，具体到对构物的功能选择及性能的对照检查时所用手法的确立，很大程度上要期待今后的研究成果。

4.5.2 更具实效而且使用安全的技术

（1）内部空间设计技术

地下空间的压抑感及避讳心理常给人不快感和迷路性，利用地下空间时这些问题让人产生心理抵触。以往的空间设计注重功能，或受与其他设施相互关系上的条件制约，或受技术能力所限开展设计。所以，在这种状态下完成的地下空间，在生理及心理方面很多地方谈不上如何舒适。而无障碍及避难安全方面，地下空间特有的闭锁性、上下移动的需要及其安全性也都变成了增加负担的要因。

照片 4-5-1 是斯德哥尔摩地铁车站的照片。斯德哥尔摩是一座濒临深水峡湾、岛礁密集的沿海城市，那里的地铁不得不穿行于很深的地下，地上地下的进出很不方便，可是与这种想法完全相反，那里恰恰是一个优雅的车站空间。

照片 4-5-1 空间设计独特优雅的斯德哥尔摩地铁车站
（引自：家田仁「これからの都市の地下利用」土木学会誌、Vol. 87、2002.8）

要营造一个舒适安全的地下空间，不能像过去那样只从重视功能上去设计，要树立"适合人的行为及利用形式的空间建筑"的观念，重要的是开发出注重于人类心理环境、行为特性的空间设计技术。今后作地下空间设计时需要和应该考虑的事项如后述。而大深度地下开发利用的相关技术的方向性见表4-5-5。

表4-5-5　内部空间设计技术的技术开发方向性

技术开发的视角	技术开发的方向性	具体项目（案）
舒适性	○生理学意义上的"快"，实现中性放松状态 ○克服压抑感避讳心理 ○具有期待感的地下空间	·可打消深度意识的引导路线设计技术 ·开发缓解心理负担的空间设计技术 ·空间舒适性综合评价技术
迷路性	○助人到达目的地而不会迷路的设施 ○容易记的设施 ○可确认自身位置的设施	·开发包括符号计划及引导服务的导航技术 ·开发适合人的行为及利用形式的空间设计手法
无障碍	○快捷简便的安全移动设施（排解移动上的难度） ○确立供健全人和行动不便者（如残疾人、老年人）共存的设施 ○扩展自由行动范围的实现（排除心理压力）	·行动不便者可以更快、更安全放心地在同一平面内或在上下方向上的移动手段的开发 ·日常生活中无需特别扶助就可以帮助行动不便者的装置的开发 　平面移动：放缓高度差，减少坡度倾斜 　上下移动：设置优先使用的升降机装置 ·发生灾害时供行动不便者优先避难的设施及方法的开发 　在面向健全人的避难设施上增设无障碍通道 ·宽踏步自动扶梯的开发 ·移动时的后援系统的开发（利用IT的位置信息确认系统、残疾人移动支援系统）
发生灾害时的避难	○研讨空间设计要兼顾发生灾害时引导人们避难行动的装置	·大深度地下空间里避难行动特性的把握 ·依发生灾害的类型提供信息及给予引导的技术 ·避难所、电梯避难等（避难设施）有效性的研讨

（引自：大深度地下利用に関する技術開発ビジョン、国土交通省 都市・地域整備局 大都市圏整備課 大深度地下利用企画室、2003.1）

　　①确立可打消地下空间避讳心理及不快感的技术，设计可以从心理层面提供地上信息并以符号展现的魅力空间。

　　②尤其地下通道和地下商业街这类容易迷路的地方，需要从空

间性要素和心理因素的关联上作出解释。

③老龄社会的到来，在健全人之外也要营造适合行动不便者的无障碍空间。

④用于安全避难的设施设备，当发生灾害时对人们行动的正确引导必不可少。

作为缓解迷路困扰的技术之一，照片4-5-2介绍了便于步行者的ITS。所谓步行者ITS（Intelligent Transport Systems）是一种帮助步行者安全、放心、快捷地移动的信息通信系统，由终端传送来的阶梯、人行横道线的位置这些安全信息、到达目的地的途径等变换成声音、振动以及图像等方式，利用PDA（便携信息终端）等提供给步行者。目前，以这些行动不便者为对象，发挥ITS技术优势的社会扶助实验正在各地进行。

照片4-5-2 步行者ITS社会实验情景
（引自：ITS HANDBOOK JAPAN 2002-2003、
（财）道路新産業開発機構）

小贴士 -17

与现实接近到什么程度?
——虚拟现实与人类行为模拟

　　作为内部空间设计新的技术支持，就以虚拟现实空间和人类行为模拟为例。充分利用虚拟现实作空间设计时，为了减轻利用者的心理负担可使用 CG（计算机图像）技术，尝试虚拟形成现实空间。通过这项技术可以制造出人群集中又便于使用的空间。

　　建造安全型城市、构筑物时足够强度的安全性自不必说，关键在于不论平时还是发生灾害时都必须确保设施使用者的安全。为了探讨人类的安全性，专家们正在研究一种符合个人特性的人类行为模拟手法，将个人属性（性别、年龄等）分布做模态化处理，然后把接近现实中人类的行为（状态识别、步行等）用计算机屏幕再现出来，由此来研判构筑物在避难过程中的安全性以及对现有构筑物避难安全性的诊断，再进一步还可以用来研究灾害中的避难引导方法等。

　　当然，不可能原原本本地再现现实中的世界，需要一定程度地加以模态化处理，但这些技术毕竟还是非常有用的。

　　唉呀! 到底与现实能接近到什么程度啊?

总长　　　总长

总长　横长　拱门　梯形

总长　　　横长

拱门　　　梯形

虚拟现实举例

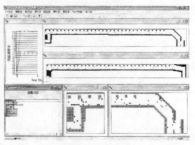

人类行为模拟举例
（用 KK-MAS* 模拟地铁车站内避难过程）

引自：大深度地下利用に関する
　　　技術開発ビジョン

引自：地下鉄駅構内における避難シミュレーションモデルの構築、
　　　宇田川金幸、増田浩通、新井健（資料提供：東京理科大学　経営工学科　新井研究室）
　　　＊KK-MAS とは㈱構造計画研究所が開発したマルチエージェントシミュレータ

212

（2）内部环境技术

实现更好的地下空间环境，离不开兼顾地下特性的各种环境设施。一般建筑物的内部环境技术，比如有采光、通风、空调等把外部环境有选择地引入内部的技术，还有照明设备、给水排水设备等人工建造的内部环境技术，地下空间必然要依赖人工环境，而且依存程度相当高。

有关地下空间内部环境技术有如下一些命题。而大深度地下空间利用相关技术开发的方向性见表4-5-6。

①提供与地上同样的健康、舒适的内部环境。

②节能、节省资源、零排放等以寿命周期全覆盖的评价为依据，充分利用地下空间特性，提供健康、舒适、低负荷的内部环境。

（3）换气技术

供不特定多数的人群逗留的地下空间、地下通道里，如何通风换气是很关键的一项制约条件。而构筑物的大深度、长距离、大型化汇合起来，换气技术的开发就更加紧迫了。有效地换气不仅可以引进清爽空气、换来高舒适性的空间，还可以节省机房等占用的空间。

至于长距离公路隧道的换气，已经在东京湾AQUALINE和关越隧道等工程中有实际应用，均以轴流换气方式为主流。但是，如果考虑火灾中的避难等问题，最近出现的环流换气也是比较有利的方式，中央环线新宿线就采用了这种方式（图4-5-5）。

通风井的选址也是今后值得研究的一个问题，中央环线新宿线的通风井位置图如图4-5-6所示。城市中较高的通风井每隔几公里就设置一个，有必要考虑如何与区域融合起来进行设计。大深度地下空间利用的相关技术开发的方向性如表4-5-7所列。

表 4-5-6 内部环境技术的开发方向性

技术开发视角	技术开发的方向性	具体项目（案）
内部环境技术概览	并不是"大深度地下也可行的技术"，而是研究"正因为大深度地下才应该用的技术"、"大深度地下才需要的技术"	舒适、健康、放心的内部环境以节能、节省资源为前提，作为迎合地球环境时代精神的技术，不仅要考虑启动成本，而且还能经得起 LCC、$LCCO_2$ 等指标评价的先进技术
光、视觉环境	○少产生热负荷的节能照明 ○适宜于应对暗适应的控制技术 ○利用光纤的光导入技术	·LED 发光技术 ·调光照明 ·自然光采光装置（利用镜子、光纤） ·应对紧急情况靠手动发电机的便携照明
温热环境	○具有全年恒湿性的地热的有效利用 ○削减对外环境负荷 ○梅雨季、夏季导入大气防止结露 ○充分利用蓄热	·利用地热，辐射采暖 ·利用地热的热泵 ·利用燃料电池的热电联供 ·全热交换器
空气质量环境	○ CO_2 减排 ○ VOC 减排 ○消除管道噪声 ○防止因潮湿导致细菌滋生	·明火器具的禁用 ·利用生态材料（内装修材） ·消声技术 ·抗菌技术
植物、生物圈环境	○培育低照度生长，给人以安逸感的植物 ○为生物提供自立性生息空间 ○在内部环境中积极利用植物的方法	·室内添绿 ·密闭独立式水族馆 ·墙面绿化、人工土壤、利用余热绿化
营造人工环境	○提供放心感 ○被隔绝的声音、视觉、嗅觉等外部环境通过人工模拟给予补充、再现	·模拟窗 ·隔断材料、内装修材（液晶玻璃等） ·音效环境控制、环境音乐 ·香氛提供
给水排水、水处理	○大深度地下所具有的位能的充分利用	·深层曝气下水的利用 ·净化与中水的利用

（出典：大深度地下利用に関する技術開発ビジョン、国土交通省都市・地域整備局大都市圏整備課大深度地下利用企画室、2003.1）

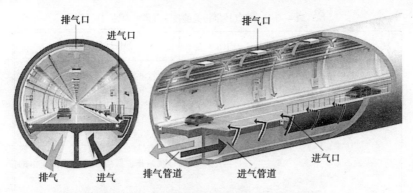

图 4-5-5　中央环线新宿线的换气方式（环流式）
（引自：中央環状新宿線環境保全のために、Vol. 3、首都高速道路(株)パンフレット）

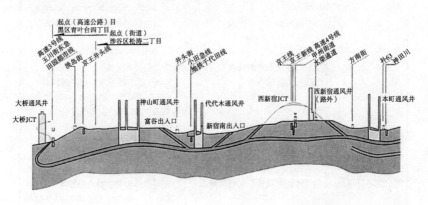

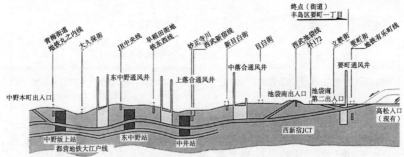

图 4-5-6　中央环线新宿线的换气站位置图
（引自：首都高速中央環状線で東京が生まれ変わります、首都高速道路(株)パンフレット）

表 4-5-7　换气技术相关的技术开发方向性

技术开发视角	技术开发方向性	具体项目（案）
（隧道）换气技术	○新换气方式·换气系统的开发 ·拉长竖井间隔 ○降低换气负荷的技术开发 ·降低成本	○通过环流换气、轴流换气组合式达到高效、舒适的技术 ·通过换气方式长处、短处的比较研究选择最佳方式的方法 ·轴流换气拉开竖井间距界限的研讨 ○随着排放规章的执行污染物正在实现减排，适应减排后排气规格的设置
	○降低换气负荷的技术开发 ·降低成本	
	○空调设备的技术开发 ·站区的通风换气	○地铁站区等空间的换气、空调方式的最佳配置技术
空气净化技术	○空气净化设备的高效、合理化 ○空气质量的改善	○集尘的技术开发 ·电气集尘器与除尘过滤器设备 ·有害物质的吸附滤除 ○脱氮（NO_x）的技术开发
	○降低对地上排放的负荷	○循环型空气净化系统的开发 ○空气净化设备的小型化
周边的环境保护	○周边的环境保护与负荷降低	○应对气体排放、噪声的技术 ·防止气体排放造成影响以及减排方法 ○景观保护技术 ·地上排放设施（竖井等）与区域融合化的处理
其他	○与防灾系统的协同配合	○与防灾一体化的换气设备的开发 ·切实保证避难环境的换气方法 ·排烟控制技术

（引自：大深度地下利用に関する技術開発ビジョン、国土交通省都市·地域整備局大都市圏整備課大深度地下利用企画室、2003.1）

小贴士 -18

靠土壤净化大气?
——大气净化系统

对于如何净化汽车排放的尾气问题，已陆续开发出多种技术。日本国内地下空间大规模空气净化设备的实施仅限于公路隧道用的除尘设备，其他处于实用化进程中的有脱氮设备。脱氮设备一般有使用微生物的"土壤式"和使用特殊脱氮剂的"机械式"两种方式。"土壤式"要求较大的空间，可用于地上培植，阪奈隧道、品川站东口的地下机动车道等都有培植实绩。而与"土壤式"相比"机械式"可以小型化设置，首都高速中央环线新宿线的隧道换气站也准备按这种方式设置。

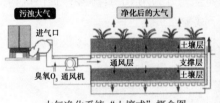

大气净化系统"土壤式"概念图
(引自:(株)フジタ资料)

大气净化系统"土壤式"用例
(引自:(株)フジタ资料)

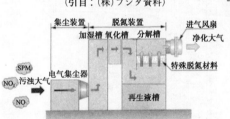

大气净化系统"机械式"(引自:西松建设(株)资料)

适用于地下道路的示意图(引自:(株)間组资料)

（4）防灾系统

　　地上与地下存在空间阻隔，消防活动受制约，因此意外发生灾害时，公路隧道、铁路隧道、地铁站区设施等地方逗留的人，其受灾程度往往大于地面。而且构筑物所处位置越深避难撤离所需时间越长，为此，考虑设施的利用形态和设施形状，包括避难方法、避难设施等，从软件、硬件两方面研发综合防灾系统的重要性就摆在了面前。

　　以如何确定幸存者位置的防灾系统的开发为例，有一种最近急速发展起来的"RFID 标签使用技术"，所谓 RFID（Radio Frequency Identification）是一种非接触型识别技术，各种领域都在尝试应用。地下的特性在于不论物理属性，还是信息方面都处于与地面隔绝的空间里，地下空间如发生火灾，不仅火情很难把握，甚至什么位置、有多少人都无法掌握。如果充分利用 RFID 标签，提供确切的信息用于避难引导，将有助于减少人员伤亡。

　　大深度地下利用相关技术开发的方向性如图 4-5-8 所示。

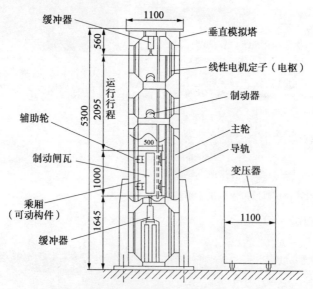

图 4-5-7　线性垂直输送系统的结构（例）

（引自：大深度地下利用に関する技術開発ビジョン、国土交通省都市・地域整備局
大都市圏整備課大深度地下利用企画室、2003.1）

（5）移动、物流技术

为了让不特定多数人群舒适便捷地利用地下空间，地面进出的顺畅性是重要条件之一，特别是大深度构筑物，高速、大容量的输送系统是必不可少的。用于实现这一目标的技术包括：将线性垂直输送系统、大坡度电梯、扶梯、起吊技术融汇在一起的运输系统，通过循环机构完成大容量运输的技术等。线性垂直输送系统实际上就是充分发挥线性电机作用的电梯，其中央部位是电梯的台车，提供动力的线圈固定在台车两侧，台车上装有永久磁石。靠这些高速、大容量、长距离性能可望实现传统电梯5～10倍的输送能力。为此，驱动装置的开发，搬运机的轻量化、运行控制系统等都需要从技术角度做纵深开发。同时，还要把避难时的利用事先考虑进去（表4-5-9）。

4.5.3　合理开创环境友好技术

（1）盾构隧道设计技术的高端发展

为了更合理地充分利用地下空间，离不开盾构隧道的设计、施工技术的深层开发，尤其构筑物深度的加大，其地基特性已不同于浅层。大深度地下展现的是一片未经历过的领域，缺乏足够的实绩数据，考虑到那里的地基特性，更合理的盾构设计技术的开发迫在眉睫。大深度地下利用相关的技术开发方向性见表4-5-10所列。

（2）构筑物大深度化的应对措施

构筑物大深度化以后，其构筑技术有了更高要求。一般情况下，大深度地下构筑物的构筑与浅层构筑物的不同之处在于：①地基的 N 值在50以上时很坚固；②形成高水压下的构筑物；③需要抑制位移及关注水环境等方面的特征。而考虑好坚固地基特性的构筑物其结构就有可能减轻。这里分别介绍：①竖井挖掘技术；②大型空间构筑技术；③隧道分支、断面扩展技术。

表 4-5-8　防灾系统相关技术开发的方向性

技术开发的视角	技术开发的方向性	具体项目（例）
火灾时的应对 （通路隧道）	○ [察觉、初期灭火] 防止火灾蔓延、把握火情	防灾系统与交通信息系统的联络
	○ [避难] 方法及避难场所的确保	·有关暂时避难场所基本规格的研究 ·与信息化链接的避难引导系统的开发 ·安全防火区划的设置技术
	○ [排烟]	·开发利用换气装置控制烟气流动的技术
	○ [正式灭火]（含救助）	·研究可以确保消防队提高进出效率的方法
火灾时的应对 （铁路隧道）	○ [察觉、初期灭火] 防止火灾蔓延、把握火情	
	○ [避难] 方法及避难场所的确保	·有关暂时避难场所基本规格的研究 ·与信息化链接的避难引导系统的开发 ·安全防火区划的设置技术
	○ [排烟]	·开发利用换气装置控制烟气流动的技术
	○ [正式灭火]（含救助）	·研究可以确保消防队提高进出效率的方法
火灾时的应对 （站房）	○ [察觉、初期灭火] 防止火灾蔓延、把握火情	·开发超前期检测火点的系统 ·开发超前期灭火系统
	○ [避难] 方法及避难场所的确保	·临时待避场所基本规格研究 ·利用电梯、扶梯等避难设施的开发 ·与信息化链接的避难引导系统的开发 ·安全防火区划的设置技术
	○ [正式灭火]（含救助）	·研究可以确保消防队提高进出效率的方法
水灾的应对	○关注大范围气象数据的防洪措施	·通过 IT 手段，利用广域气象信息、微气象编制防洪措施应用手册
幸存者的探查	○幸存者位置的把握	·充分利用 RFID 幸存者位置确认系统的技术

（引自：大深度地下利用に関する技術開発ビジョン、国土交通省都市·地域整備局大都市圈整備課大深度地下利用企画室、2003.1）

表4-5-9 移动、物流系统相关技术开发的方向性

技术开发的视角	技术开发的方向性	具体项目（例）
垂直输送系统	○对现有电梯、起吊技术做融合改进，开发移动、物流系统 ○可满足使用要求的基板技术的开发	○研究试制阶段的现有技术转入实用的可能性 ·可变速的高速化 ·通过循环结构实现大容量 ○确立大坡度、高速化，同时确保安全的技术
搬运系统	○提高由垂直到水平输送的倒运效率	○高效率倒运方式的评估 ·装车方式 ·集装箱倒运方式
输送系统	○线性垂直输送系统、复合型新一代输送系统的开发及提高效率	○线性垂直输送系统 ·线性同步电机驱动型的开发 ·搬运台车的轻量化 ·分支、并流倒运机构的快速应对 ·失去主电源时的机械化安全装置 ·垂直～水平移动时减轻摇动 ·利用感应电、微波等方式的供电技术 ○管道型物流系统 ·垂直行走时的高精度位置传感技术 ·垂直停止保持机构的开发 ○无动力搬运系统
货物运输	○高效货物物流	○货物分散性物流系统 ·输送物品的信息化 ·通过料罐物流方式提高效率

（引自：大深度地下利用に関する技術開発ビジョン、国土交通省都市・地域整備局大都市圏整備課大深度地下利用企画室、2003.1）

a）竖井挖掘技术

为了建造大型大深度地下构筑物，盾构机的改进、变成地面进出部的竖井也必须按大深度去应对。具体包括自动化技术、新材料开发等，准备构筑深竖井时将面对如下课题。

①竖井结构与周边地基的三维效果怎样设计和引用；

②对于大深度、自立性较强的山体如何保持一定的土压深度分布；

表 4-5-10　大深度地下盾构隧道设计技术的方向性

技术开发的视角	技术开发的方向性	具体项目（例）
断面力验算方法	○考虑好大深度地下的特性确立断面力的验算方法（通过连续介子支撑模型、主动性地基弹性模型、多铰接模型认识大深度优质地基特性（期待中）确立设计手法）	·利用像连续介子支撑模型那样的优质地基特性（期待中），确立设计手法 ·认识像多铰接模型那样的优质地盘特性，在结构模型上加以应用 ·利用像"主动性地基弹性"那样的地基支护功能，确立设计手法
侧面土压系数的设定	○认识大深度地下特性，侧面土压系数设定法的确立（有实测例的优质地基上侧面土压系数的设定）	·有实测用例的优质地基上侧面土压系数的设定 ·"受水压控制的实测例"的引入 ·认识地基位移量的土压计算方法的确立
地基反力系数的设定	○认识大深度地下特性，地基反力设定法的确立（通过弹性系数算出优质地基特性并引入）	·用弹性系数评价地基反力系数方法的应用 ·"常规计算下的地基反力分布的修改"的必要性 ·"向下铅直土压系数"、"底部地基反力系数"等新概念的引入
施工时荷载的设定	○认识大深度地下特性，整理好施工时的荷载及其他荷载的注意事项（大深度场合有需要注意的地方收集量测管理数据）	·大深度地下可能有一定约束性，但也有需要注意的地方，量测数据的收集整理很重要
其他	○其他	·大深度盾构的量测数据的收集和来自量测数据的设计模型的验证 ·在考虑优质地基特性进行设计期间，为确保大深度地下设施的最低限耐力的规定（最小回填厚度等）

（引自：大深度地下利用に関する技術開発ビジョン、国土交通省都市・地域整備局大都市圏整備課大深度地下利用企画室、2003.1）

③怎样处理偏压；

④怎样进行抗震设计；

⑤怎样处理水压问题（施工中、交工时）；

⑥连续墙的质量评估及怎样设计方面的考虑。

有效利用竖井结构及周边地基的三维效果，设计大深度竖井的手法的确立，将使以往的设计手法更趋于合理，而且有助于对偏压、抗震性开展研究。随着大深度的出现对于连续墙的质量管理也在改进，这些都要反映在设计中。具体的技术开发方向性见表4-5-11。

b）大型空间构筑技术

可以认为在不远的将来，城市需求较大的大型空间将集结在能源网络、数据库中心、大型废弃物处理场、防灾中心及交通枢纽等地方。目前，上述大型地下空间的构筑，不仅需要施工技术的开发、设计和对周边环境等方面的影响，同时也面临技术开发问题。

具体来讲需要考虑的问题有：岩体补强技术、避免对周边造成影响的方法等，技术开发的方向性见表4-5-12所列。

c）隧道分支、断面扩展技术

高速交通体系、物流网的整备等这些网络的线性结构部分必然出现分支、合流的需要。而且这些交接点在地下设置得越深，就越强调非开凿式施工。

在这一背景之下，处于任意深度的高水压环境，安全并且确保隧道断面扩展、分支的实施就对非开凿式施工技术提出了新要求。

表4-5-11 竖井掘进技术的技术开发方向性

技术开发的视角	技术开发的方向性	具体项目（例）
地下连续墙	○新材料开发	·高性能稳定液的开发 ·优质混凝土的开发 ·新素材应用材料的开发 ·预制技术的开发
	○自动化技术	·槽井同时并持续掘进技术的开发 ·稳定液管理的自动化 ·渣土高速传送、处理设备的开发 ·应用材料插入的自动化
	○其他	·变截面连续墙的提高技术 ·本体利用技术的开发

续表

技术开发的视角	技术开发的方向性	具体项目（例）
自动化开口沉箱	○沉放对策技术	·大耐力锚杆形成永久锚固功能的技术开发 ·高性能液压千斤顶的开发 ·大比重廉价混凝土的开发 ·高性能外围减摩擦材料的开发
	○自动化技术	·自走式水下掘进机器人的开发 ·用于岩盘、卵石层掘进的掘进机的开发 ·高速挖掘、传送渣土技术的开发 ·施工管理系统的确立
自动化气动沉箱	○沉放对策技术	·大耐力锚杆形成永久锚固功能的技术开发 ·高性能液压千斤顶的开发 ·大比重廉价混凝土的开发 ·高性能外围减摩擦材料的开发
	○自动化技术	·连续式渣土传送技术的开发 ·沉箱内复合机械手的实用化 ·沉箱内机械设备完全免维护化
竖向盾构	○防上浮对策技术	·高水压下可随时现高附着力底填材料的开发 ·提高摩擦力技术的开发 ·大耐力锚杆形成永久锚固功能的技术开发
	○自动化技术	·管片高速自动组装技术的开发 ·高速搬运系统的开发 ·盾构机结构简化技术的开发 ·掘进机构高速化技术的开发
关于竖井掘进技术总体	○设计技术	·大深度下土压作用力的研究 ·抗震设计研究
	○环境	·作业环境改善 ·渣土处理技术 ·稳定液的回收利用、处理
	○辅助工	·照顾周边环境，降低地下水水位工法的开发 ·膜结构挡水墙的开发
	○其他掘进技术	·NATM 竖井

（引自：大深度地下利用に関する技術開発ビジョン、国土交通省都市·地域整備局大都市圏整備課大深度地下利用企画室、2003.1）

表 4-5-12 大型空间构筑技术的技术开发方向性

技术开发的视角	技术开发的方向性	具体项目（例）
据点主干空间的挖掘构筑技术	○从未固化岩体到软岩层，高水压下合理而且具有高耐久性的衬砌结构以及安全、高效而合理的施工技术的开发 ○减少对周边环境影响的施工技术的开发 ○构筑物稳定性诊断技术的开发 ○接近建筑物时对其稳定技术的开发	○机械化开凿工法的 IT 化 ·无人掘进机械 ·渣土自动搬运机械 ·水下掘进机械 ○大型空间岩体补强工法的开发 ·高性能岩体补强材料 ·高强度任意方向的地基改良 ○高性能构筑工法的开发 ·新素材衬砌材料 ·高刚性结构 ·高耐久性结构 ·掘进洞室内随动衬砌工法的开发 ○大断面衬砌同时开凿工法的开发 ·复合圆形盾构 ·外壳先导盾构 ○减少周边环境影响方法的确立 ·对现存设施的影响 ·大深度设施的相互影响 ·对地上、地下环境、地下水等的影响
保持与地面联络空间的掘进构筑技术	○未固化、高水压下合理而且具有高耐久性的衬砌结构以及安全、高效而合理的施工法的开发 ○连接部位抗震结构判定技术的开发	○机械化开凿工法的 IT 化 ·任意方向、任意分支盾构（上下左右倾斜） ○高性能构筑工法的开发 ·新素材衬砌材料 ·高耐久性结构 ·高耐水性结构 ○连接部高性能防水工法的开发 ·耐高水压接头、出入口 ·高性能地基改良工法 ○抗震设计手法的确立 ·地层变化点 ·接合点

（引自：大深度地下利用に関する技術開発ビジョン、国土交通省都市・地域整備局大都市圏整備課大深度地下利用企画室、2003.1）

具体技术开发的方向性见表 4-5-13 所列，实例如图 4-5-8 所示。

表 4-5-13　与隧道断面扩展、分支技术相关的技术开发方向性

技术开发的视角	技术开发的方向性	具体项目（例）
盾构工法	○支线盾构机	·高水压下的出发井口防水 ·主巷道内出发盾构机 ·双向掘进机的开发 ·主线衬砌的切削技术
	○主线、支线衬砌	·断面形状、组装方法 ·岩体强度评价、模拟计算 ·可切削的主线衬砌材料 ·高水压下的主线、支线衬砌联络方法和结构
城市 NATM	○放宽以往 NATM 的应用范围 ○旨在缩短工期、降低成本的掘进系统的开发	·可靠的防水注入技术 ·可靠的排水处理技术（地下水的补给、处理方法） ·未固化地盘补强为坚实地盘 [鲸鱼骨（WBR）、沙丁鱼骨（SBR）工法等] ·高速钻孔机械（辅助工法缩短工期）
辅助工法并用工法	○巷道内的盾构机开发 ○缩短工期、降低成本	·曲线钻孔（连接部位） ·开口部位的高水压对策 ·大口径曲线钻孔 ·障碍物体的处理（可掘进各种地基的掘进机） ·巷道内盾构机出发 ·隧道内隔墙 ·可局部挖掘的管片材质等

（引自：大深度地下利用に関する技術開発ビジョン、国土交通省都市・地域整備局大都市圏整備課大深度地下利用企画室、2003.1）

（3）构筑物的调查、量测技术

　　人们可以确切了解地上桥梁的荷载、结构系，有构筑物的响应标示（位移、特性变化等）。对此，处于隧道的场合其荷载则来自岩体、构筑物间的相互作用，很难准确评价。而且结构系又由岩体与支护、衬砌构成，其特性很大程度受施工的影响，对这一状况的完善就靠调查、量测技术。

　　可以保证进行长期量测的技术之一即利用光纤传感器的监控

技术。监控过程是利用光纤处于弯曲位置时因漏光而降低光的强度（微弯）这一原理，用来测定构筑物偏斜、变形，可有效提高隧道内量测的可靠性、经济性（图4-5-9）。调查、量测技术相关的技术开发方向性见表4-5-14。

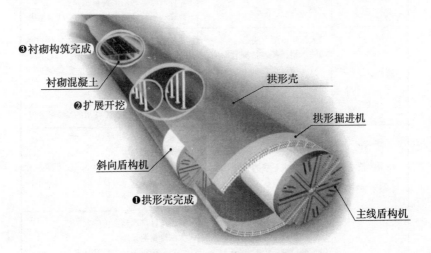

图4-5-8 分支、断面扩展工法举例
（引自：ウィングプラス工法、(株)間組パンフレット）

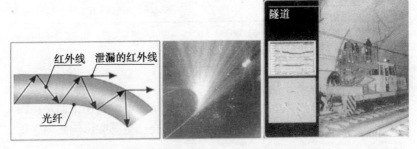

图4-5-9 光纤量测原理（微弯）与隧道内的设置情景
（引自：光ファイバーによる構造物モニタリングシステム、(株)間組パンフレット）

表 4-5-14 调查、量测技术相关的技术开发方向性

技术开发的视角	技术开发的方向性	具体项目（例）
地基调查技术	○掘进面等调查 ○地基的可视化 ○地基数据收集、系统的开发	·来自地下物理勘探、施工机械及渣土的地基信息 ·可控钻井 ·岩体观察、地基的剪辑画面 ·数据收集的自动化及充分利用的信息化
量测技术	○大深度量测方法 ○施工机械控制量测数据的有效利用 ○量测数据的收集与设计、施工的反馈 ○量测系统构筑	·量测数据的收集与设计、施工的反馈（土压作用、掘进面的稳定、地基的变形、构筑物的应力、变形，对邻近建筑物的影响） ·光纤技术的评价、开发 ·利用光纤、无线、IT技术的系统的开发
环境量测技术	○大深度量测方法 ○地下水、地基环境量测 ○环境监视系统的开发	·地下水位量测 ·周边地基变形量测 ·对现存建筑物影响的量测 ·环境量测（地下气体、噪声、振动） ·大范围量测系统
长期量测技术	○长期量测技术 ○施工中及交工后的继续监控 ○长期量测系统的开发	·高耐久性、高精度传感器 ·大深度量测系统 ·设置、维护方法（替换技术） ·分析、评价技术（反馈方法） ·数据收集与信息化技术 ·与设计作比较，构筑物长期稳定及功能维持的反馈 ·利用光纤、无线、IT技术的系统的开发

（引自：大深度地下利用に関する技術開発ビジョン、国土交通省都市·地域整備局大都市圏整備課大深度地下利用企画室、2003.1）

（4）地下环境的事先影响评估

一般普遍认为地下设施对环境的冲击比地上设施小，但是，出于各种目的应用地下设施时，对周边环境会产生哪些影响要事先做好预测。

利用地下空间时针对环境的课题有：①施工中的噪声、振动、变形；②施工渣土的处理；③施工抽水的水处理；④地表及地下的变形；⑤对地下水的影响；⑥对生态系统的影响等。

　　就以下需要格外重点考虑的课题有选择地记述如下。与环境影响评估整体相关技术开发的方向性见表4-5-15。

表4-5-15　与地下环境的事先影响评估相关的技术开发方向性

技术开发的视角	技术开发的方向性	具体项目（例）
与地下水量的变化相关事项（水位下降、升高等）	○高精度、高效水文地质构造调查方法的确立 ○大范围地下水流动预测评估解析手法的确立 ○避免影响地下水流动的地下水控制技术的开发、改进	·音响透水层析 X 线照相术、比电阻高密度勘探法的升级 ·大范围把握水文地质构造的数据库的建立及广域三维、高速、浸透流解析法的开发 ·地下水迂回通水技术 ·防止滤网堵塞技术
有关地下水水质变化的事项（水质变化、盐分浓度、温度变化等）	○有关水质变化的调查、监控、预测评估解析手法的确立 ○含盐量调查、监控、预测评估解析手法的确立 ○避免影响地下水水质的壳体施工辅助工法（连续墙稳定液、插入、注入材、固化材等）的确立	·可以自动检测的水质传感器的开发 ·水质变化预测评估解析手法的开发 ·试验位置上对手法的试行与改良 ·广域三维、高速、平流分散解析手法的开发 ·实施的事例数据库化及其标准手法的提案
有关地基、构筑物异常的事项（地基沉降、不同步沉降等）	○对大深度地下水排水造成大范围地基沉降动态的把握及预测评估解析手法确立 ○因挡土墙、挖掘、壳体构筑造成的地基异常的研究方法及对策的开发、改进 ○因地基改良工法造成的地基异常的研究方法及对策的确立	·试验部位的评价试验及验证解析的实施 ·实施的事例数据库化及其标准手法的提案
其他（缺氧空气、溶于液体中的气体地表溢出，生态系统（动植物）、对微生物的影响，景观、大气、振动噪声等）	○基于部位和工程特性从各种评价项目中抽取重点项目的手法的确立 ○对抽取出的手法作项目评价后，将低位开发或尚未开发的领域技术进行深度开发	·收集类似工程中的环境影响评估事例及其数据库的建立 ·气液两相解析手法的改良、开发与验证 ·因水质等环境变化引起的微生物动态的把握方法（地下生态系统变化评论技术）的确立
共同事项	○提高调查、监控效率技术的开发	·利用可控钻井井孔调查、监控系统的开发 ·大城市广域监控数据的传送系统的开发 ·长期耐久性传感器的开发

（引自：大深度地下利用に関する技術開発ビジョン、国土交通省都市・地域整備局大都市圏整備課大深度地下利用企画室、2003.1）

a）建筑渣土的处理

地下空间利用过程中产生的大量渣土会影响周边环境，如何有效处理是一个很重要的课题。

具体包括不影响挖掘施工进度的渣土有效处理（巷道内的搬运、现场局部的处理、运出场外、渣土的接收场所）所需的新的处置、输送技术。其技术开发的方向性见表4-5-16。

表4-5-16 建筑渣土相关的技术开发方向性

技术开发的视角	技术开发的方向性	具体项目（例）
竖井挖掘渣土的搬运技术	○突出安全性、可靠性、经济性的大量渣土搬运技术的确立	·提高安全性、低噪声型大容量铲运机 ·提高渣土搬运效率的全地基适用的垂直传送带 ·全地基使用的合理性流体输送系统
盾构挖掘渣土的搬运技术	○大断面、长距离盾构隧道中突出可靠性、经济性的大量渣土搬运技术的确立	·可确保渣土稳定输送的全地基适用型流体输送系统（泥水盾构） ·可确保渣土稳定输送的全地基使用型传输泵系统、连续传送带系统（泥土压盾构）
现场的渣土处理技术	○大断面、长距离、高速施工盾构，突出可靠性、经济性的大量渣土处理技术的研究 ○对周边环境负荷小、渣土排出少，旨在重复利用的大量渣土处理技术的研究	·设备占地面积小，处理能力大的高性能处理技术、设备 ·抑制环境负荷，渣土减量化，可重复利用的渣土合理化现场处理系统
渣土场外搬运技术	○大断面、长距离、高速施工盾构对周边环境负荷小，突出经济性的大量渣土搬运技术 ○对周边环境负荷小的大量渣土输送的构想提案	·可以不违章地在一般道路上搬运渣土的方法（构想） ·自卸车以外的渣土搬运方法构想及其章法整备、规定的放宽
渣土的接收场所、处置技术	○大深度竖井及大断面、长距离盾构隧道中的渣土接收场所、处置规定的放宽（案）、章法整备（案）的研究	·法规的整备便于对渣土的恰当评价和处置基准的统一、贯彻 ·规定的放宽、法规的整备便于对大量渣土、污泥的重新利用 ·在信息公开共享的基础上促进渣土的回收利用

（引自：大深度地下利用に関する技术开発ビジョン、国土交通省都市·地域整备局大都市圈整备课大深度地下利用企画室、2003.1）

230

b）对地下水影响的评价技术

建筑地下构筑物时，原来流经那里的地下水流动受阻，遇到阻碍的地下水向下流动会导致地基沉降，对这些影响需要认真研究（图4-5-10）。

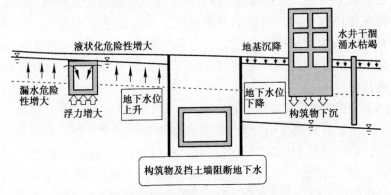

图4-5-10　地下水被阻断而影响环境的事例

对挡土墙这类的连续墙在地下构筑施工时，阻断地下水的上游侧。地下水位上升对现存地下构筑物的向上压力及漏水量增加。而砂质地基地下水位的上升还会增加地震时液状化的危险性。由于地下水被阻断致使下游侧地下水位下降，柔软的黏土地基则发生致密性下沉，引起水井干涸，涌水枯竭。

按大深度地下法的规定，允许在民用地的地下建造公益性构筑物，但是，这种场合对地下水会产生怎样的影响却很少作深入研究。假如含水层全部被盾构隧道阻断，受阻的地下水上游水压将升高，下游水压下降，这种水压变化会导致隧道承受很大的偏移负荷。结果是上游侧的黏土层受到向上压力的作用，下游侧的黏土层则受到致密压力作用，这对于作用在构筑物上的荷载绝不是好现象）。

处于这种局面应采取的对策，比如可以在隧道内面埋设针对集水和冷凝水的水平排水，将其于隧道内汇合等方法。或者使用外层具有透水结构的盾构管片，以防含水层地下水流动受阻的工法。

c）对生态系统的影响

有一条消息报道说：地下的线性构筑物施工后，地下水位下降，致使1200多年树龄的银杏树枯萎。植被与地下水位的关系目前尚未十分明确，但地下水位下降必然导致地表干燥，可供蒸发的水分减少，由此地温逐渐升高。尤其在公园附近的地下，怎样在保持现有水位的前提下构筑地下空间是一个大课题。已经有提案认为要维持目前的地下水位可采用防止地下构筑物阻碍地下水流动的工法，这种保全地下水流动工法的相关研究正在进行中。

（5）公用的合理化设施计划

地下空间的利用有利于二次构筑并提高城市功能，虽说是地下，可一般能利用的深度范围充其量也就在100m左右的狭窄空间，加上纵横交叉的隧道已经挤得很满了。为此，由不同事业类型公用的地下空间"共有化"就可以避免对道路的反复开挖，也便于维护管理及设施更新，不仅节省重复施工的费用，还有很多其他长处（图4-5-11）。

以往的共有化，是在不同设施之间设置隔墙，采用这种形式就要准备多条通道以便各自开展维护工作，很难提高地下空间利用率。出入口空间、竖井、斜井也同样，从成本、空间利用率乃至升降设备等的公用都极力寄望于这一共有化。

共有化不仅限于线性构筑物，与地下道路、地铁等衔接的停车场、站房这些设施的共有化也应该充分考虑，尤其竖井位置上的出入口，不能按单一功能设施使用，如果把防灾据点、仓储库房、停车场、存车处等都组合起来建筑，将来更新功能需要新的空间时还可以换位使用。

过去只强调成本，倾向于尽可能地以较小断面构筑空间，但是今后，特别是大深度地下应充分估计到将来的功能更新，在这方面推进共有化的意义显而易见（图4-5-12）。

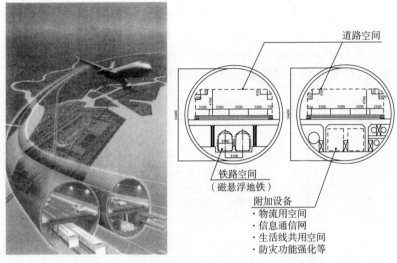

图 4-5-11 公路、铁路的共有化构想（GEO·HYBRID 构想）

（引自：(株)間組資料）

图 4-5-12 地铁南北线白金高轮站的站房、变电所、机械式地下存车处的立体活用

（引自：(株)間組資料）

（6）ITS 在地下道路中的应用

由于以互联网为代表的 IT 技术的飞速发展、普及，与以往不同的新型社会基础设施的实现已变为可能。充分利用先进信息通信技术的 ITS（Intelligent Transport Systems：高速公路交通系统）不仅改善了道路拥堵，实现了收费的自动化，还有望成为创造新的社会资本的有效手段。

如图 4-5-13 所示，ITS 具体分为九大开发领域。

> **ITS 的开发领域**
> 1. 先进的导航系统
> 2. 自动收费系统
> 3. 安全行驶支援
> 4. 交通管理的优化
> 5. 交通管理的高效率
> 6. 对公交系统的支援
> 7. 提高商用车效率
> 8. 对行人的支援
> 9. 急救车辆的行驶支援

图 4-5-13　ITS 的开发领域
（引自：高度道路交通システム（ITS）に係るシステムアーキテクチャ、警察庁、通産省、運輸省、郵政省、建設省）

ITS 的应用会给地下道路带来什么样的变化呢？道路畅通协调会议的下一代基础设施研讨部会就以下可能性曾有所暗示（图 4-5-14）。

①通过对车线更有效的运用缩小隧道断面

通过电子登记可将紧急情况下的车线幅面宽度缩小到 3.0m，便于任何地方都可以随时确保紧急停车带的空间，由此，还可以尽量缩小路肩，省却常设的巡警通道。为今后隧道断面的大幅缩小提供了可能。

②灾害等紧急情况下，平稳而安全的避难系统

将上下行车线的平面布置翻转过来，把避难用联络通道与紧急

停车带合并设置，从事件检测到向司机提供信息的自动化，使得事件的处置在现场就可以及时完成，由此，把灾害的影响控制在最低限，防止二次灾害的发生。

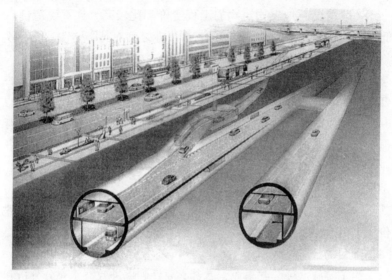

图 4-5-14　ITS 在地下道路中的应用示意图
（引自：地下道路へのITSの導入方策 スマートウェイパートナー会議
次世代インフラ検討部会 H 14 報告書、（財）道路新産業開発機構）

③通过引入新概念的道路划分实现地下坡道的小型化

地下坡道中途引入的 ETC（Electronic Toll Collection：自动收费系统）设有缓冲区，缓冲区以外的坡道结构按一般道路划线，可以实现坡道规模的小型化。由此大幅缩短坡道长度，有助于降低成本。

④一般道路可应用的汇接点小型化

地下高速公路与高架高速公路的衔接坡道，经由与一般道路的汇接点可实现小型化，在一般道路上引入 PTPS（优先信号控制）进行交通控制，把坡道拥堵对干线的影响降到最低限。

⑤通过进入匝道交通调节提高合流部位的安全性

地下道路的合流部位、干线与合流部位的车流有 ITV 相机捕

捉拍照，通过进入匝道交通调节显示相向车辆，相互注意促进合流
的安全。

4.5.4　对项目作确切评估以利于推进的技术

一般情况下地下构筑物的工程造价都比较高，且不说造价高
低，更重要的是今后社会上实施一项事业之前对其必要性、经济效
益应该作充分分析和评估，并向国民公布、说明结果，获得认可。

实际上，评价一项工程在国民经济方面是不是属于有意义的
事业，用的是"经济性评价"这门理论，牵涉到与事业成本相关的
寿命周期成本（LCC）问题。而作为现实论而言，中央和地方政府
很少自行实施地下空间方面的事业，更多的是由第三产业、PFI 事
业主体等实施，没有事业上的成功很难实现。所以，"事业性评价"
是很重要的一关。

这里将对工程的经济性评价、寿命周期成本评价以及事业性评
价作个概略说明。

（1）项目的经济性评估

为了实施一项公共事业，就其必要性和掘进效益作充分分析和
评估，并向国民说明结果获得认可，这样的评价系统在以前的日本
从未有过。经对此反省，各省厅已经开始整备政策评价、事业评价
相关的指南、手册等，有关公共事业评价的业务化最近几年发展得
非常快，正在走向常规化。就目前状况而言，公路、河川、运输等
每项事业由内部各自实施较多，预计今后不同事业部门统合起来作
为一个整体开展综合评价的系统会发展起来。

2000 年 7 月的"国土交通省政策评价法（案）"就是通过确立
政策的经营管理周期（企划立案→实施→评价→改善→企划立案）
有效地将政策实施下去。今后的评价系统将沿着这一方向实行下
去，地下空间设施整备也可以采用同样思路。

a）费用盈利分析和费用效果分析

费用盈利分析就是对伴随事业实施所发生的社会性费用及社会
性盈利的测算，并换算成货币价值，由此得出社会经济上的实效性

和妥当性的分析方法（表 4-5-17）。对结果的判定明确，若对于其他多数事业也采用同样手法，相互间就可以进行比较。而实际上那些难以做货币价值换算的项目不得不从这种分析中排除，是一个有待解决的难题。

在费用盈利分析时还要考虑定性效果、不能换算货币价值的效果，在此基础上将事业的效果与费用进行比较分析的方法即费用效果分析，它比费用盈利分析的应用范围更广泛，但是，每个项目因单位不同，如果对测算出的指标绝对值作对比是没有意义的。而对于不同事业的效果而言，这些指标的重要程度也不尽相同，各有其重要性，这一课题难在不易统一在同一目标下达成协议。

表 4-5-17 可作为费用盈利分析法对象的效果（处于铁路部门的情况下）

■方式 1：应测算的效果	
利用者的收益	·总计所需时间的变化
	·总经费的变化
	·旅客舒适性的变化
提供者的盈利	·该事业从业者盈利的变化
■方式 2：测算所希望的效果	
利用者的收益	·车站进出口时间的变化
	·道路交通混乱的变化
提供者的盈利	·补全、竞争线路上收益的变化
环境等改善的盈利	·局部环境变化（NO_x 排放、道路、铁路噪声的变化）
	·全球性环境的变化（CO_2 排放的变化）
	·道路交通事故的变化

根据国土交通省铁路局《铁路工程评价方法手册 2005》（财）运输政策研究机构编制。

b）其他效果测算法

在公路、铁路等整备效果中，直接依存于交通量的利用者盈利分析是通过消费者剩余法等，作为可以货币换算的评价方法得以确立的，可是，精度要求不高的评价项目、难以定量不得不做定性表述的评价项目很多，具体比如"环保"、"宜居"、"提高安全性效果"、"城市功能的维持与提高"等都属于这一类，乐观法、CVM、替代法、货币评价原单位法等都在使用。以下是有关乐观法与CVM 法的概要。

i）乐观法

来自设施整备的所有盈利都是以长期归结于地价这一资本化假说为基础的手法。由于地下空间利用的效果是以土地差价做宏观计算，测算的盈利中因地下化带来的景观保护、防噪声、振动、确保日照、免除区域分割、防止局部大气污染、复合空间结构等效果都网罗了进来。也有以公路与铁路地下化效果的测算实例开展的研究。

ii）CVM（Contingent Voluation Method：假想评价法）

对于某一环境质量的改善，用"达到什么程度才可以支付（支付意愿额）"这一对受益者的测试进行效果测算。不仅是实在的环境质量，假想的环境质量改善也可以评价，但是，引起提问设置方法发生偏倚是一大不足。

（2）寿命周期成本评估

地下空间建有各种设施、构筑物时，使用期间基本不用维护补修的无需维护构筑物，即永久型构筑物是理想状态。而实际上，迄今建造的构筑物始终暗暗让人担心：安全性、功能性是可靠的吗？但是，1995 年的阪神大地震让人对构筑物的安全性、功能性的看法有了很大的转变。构筑物的性能会随时间的推移而降低，而且对构筑物作设计时使用的荷载也存在不确定性，长久使用中超出预测的荷载作用也是需要重新认识之处。关键字是时间，今后，作与地下构筑物的长期安全性或与功能相关的研究时，时间要素是必须认真评价的一项内容。

在泡沫经济时期，"好东西再贵也要制造"、"想要的东西不惜借钱也要买"这类想法总能硬性实施，如今这种思路行不通了。"眼前想买的是确实需要的吗？"、"按这个价格买来用着妥当吗？"、"能回收再利用吗？"等，比起"造物技术"更需要的是"用物技术"，而这个"用物技术"只能来自维护水平。

LCC（寿命周期成本）一般将其定义为"构筑物的企划、设计、建造、运营、维护管理、拆解撤除、废弃这一系列的费用总额"。1990年前后，美国的筑路行业很兴旺，联邦公路局的积极采用是促成这种兴旺的背景。日本筑路行业的采用也很多，最近桥梁上的应用也在增加。LCC手法以对主要替代方案的比较评价为目的，用纯（总）现价评价。一般表现为"现价＝总盈利－总成本"，但是，假设LCC的各替代案都不会产生盈利差，作为评价指标可使用"LCC＝初期成本＋维护管理费＋更新费"。

一般来讲，在构筑物的维护管理上越舍得投入发生故障的可能性就越小。所以，如果把使用期间的总成本定义为维护管理费与不可预期的风险之和，就可以得出图4-5-15所示的关系式。其中的1案只按最低限实行维护管理，其代价就是豁出去冒较大的风险。相反，5案则投入很大的维护管理费，尽量排除成本上的顾虑。对于成本最小化的价值在哪个方案中都不被看好，3案以其最合理的维护管理计划被选中。

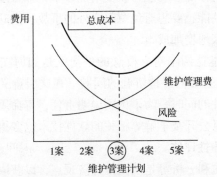

总成本＝直接费（点检、修理费）＋风险（预计损失）
若干维护管理计划案中选总成本最小的→成本最小化规范

图 4-5-15 最佳维护管理的概念

（引自：龟村勝美「地下構造物の維持管理」土木学会誌、Vol. 87、2002.8)

从当前的社会经济形势来看，社会资本库存的合理维持是很重要的课题。为此，从现状的把握、分析中预测将来、对构筑物的维护管理手法和实施时期从费用效果分析的观点来评价合理的寿命周期成本都值得期待。不仅仅从追求事业合理性的立场，从说明责任以便获得社会性认可的观点上，它能发挥的作用也同样值得期待。

另一方面，在地下构筑物对寿命周期成本的应用上还有很多需要解决的问题。以下有关基本事项的几个问题，尤其是针对地下构筑物的讨论还不够深入。

①对于用来满足目的的性能，能确定并且量化吗？

②对它们作评价的信息收集了多少？

③有明确的判断基准吗？

④在考虑使用寿命周期成本、大时间跨度的维护管理的基础上，就现阶段尚不能确定的使用者而言他们能接受先行投资的价值吗？

考虑地下利用时，"对该设施所要求的性能是什么？"这一问题要针对当前建筑技术、维护补修技术上的难点给出明确定义。另外，对设施的建设及将来使用上存在的各种各样的风险，以及相关的评估也很重要，其目的是达到广义的合理性和经济性（成本）。如果要求更高的性能、功能，就要增加成本；如果限制成本就不得不舍弃一部分性能；要想避免意料之外的事故、大时间跨度的不确定性，就要更多地增加成本。

性能与成本这两个对立概念的平衡就是如何在社会性容忍度（公众承认）的基础上进行协调的问题。在这层意义上，追逐性能与成本这些硬件的同时，为了尽到说明责任，寿命周期成本、风险评估技术、信息公开及了解等相关的软件技术也变得很重要了。

（3）项目的事业性评估

前述费用盈利分析等是从国民经济观点，以获取对工程的评价为目的，而事业性评估则根据该工程在事业主体上的收入、支出，对其能否作为一项事业存在作研判。近年来，"民间能做的交给民间去做"这一思路已得到肯定，PFI 法（通过充分利用民间资金等促进公共设施整备的法律）已于 2001 年开始实行。事业性评估的手法未必都能得以确立，这里只介绍 PFI 的概要和事业性评估的一部分。

a）什么是 PFI?

PFI 即"Private Finance Initiative"的缩写，定义为"由过去的公共分区整备起来的社会资本领域中，引入民间事业者调配资金、经营专利、创意点子等，通过民间主导提供低成本、高水平服务这样一种方法"。PFI 的长处与短处见表 4-5-18 所列。

b）PFI 事业的大纲

所谓 PFI 事业一般被民间企业称作 SPC（Special Purpose Company：特殊目的公司），是以专职推进工程进展为目的成立的公司。

SPC 接受出资者投资的同时，还从事接受金融机构的融资（工程融资）的业务，为市民提供服务，并依需要回收初期投资额（图 4-5-16、表 4-5-19）。

表 4-5-18　PFI 事业的长处、短处

视角	长处	短处
公共	1）通过引入竞争原理，期待民间有创意的点子削减事业成本，为最终用户——国民提供更好的优惠服务。 2）从计划到管理运营有行政参与，政府的风险和财政负担委托给民间。 3）受预算影响的工期延迟、事业费超标等风险有民间分担，可以减少因此造成的事业变更。 4）可控制从建设到管理运营的总成本。 5）费用效果分析更具体明确，容易得到国民对事业的认可	1）事业难以控制。 2）从招标到签合同手续繁杂，耗费时间和费用。 3）购买服务这一思路运用欠妥时，容易陷入"利用债券逃避"的事态。 4）很难与财政单年度主义调和。 5）已包括下年度债务负担的事业如未完成，很可能影响到财政的僵化
民间	1）公共事业领域的分工带来新的经商服务的扩展。 2）通过引入竞争机制促进技术革新。 3）扩展民间的自我掌控范围，提高管理技术水平和组织能力。 4）利用掌握的管理技术，增加新的从商、获利机会。 5）培育日本的工程融资行业，提高国际竞争力。 6）创造民间投资、订货机会	1）从招标到签合同手续繁杂，耗费时间和费用。 2）来自公共事业的风险分摊要求提高。 3）合同复杂，风险大，投标者有限

根据日本版 PFI 研究会编著《日本版 PFI 的指南》解说"等参考编制。

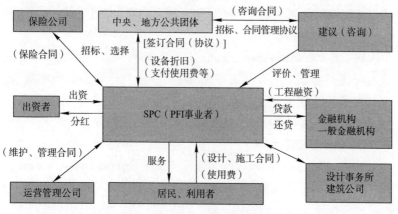

图 4-5-16　PFI 事业大纲举例

表 4-5-19　PFI 事业方式举例

名称	具体内容
① BOT	Build Operate Transfer：建设 – 运营 – 转让 民间事业者自行调配资金、开工建设，经过一定期间的管理、运营回收资金后，该设施的所有权转让给公共事业这样的方式
② BTO	Build Transfer Operate：建设 – 转让 – 运营 民间事业者自行调配资金、设施建成后该设施的所有权转让给公共事业，继续设施的运营这样的方式
③ BLT	Build Lease Transfer：建设 – 租赁 – 转让 事业主体自行调配资金、设施建成后将该设施出租，得到的租金在回收投资的同时还拥有设施的使用权。合同到期后所有权交还给公共事业这样的方式
④ BOO	Build Own Operate：建设 – 拥有 – 运营 这是 BOT 方式的变种，民间事业者自行调配资金、开工建设，在保留所有权的状态下运营该事业的方式。与 BOT 的区别在于设施不向公共事业转让

根据西野文雄监修 "日本版 PFI" 山海堂，2001.3 等参考编制。

c）PFI 事业的评价

对 PFI 评价的视角分为民间事业和公共事业这两个侧面。

从民间事业者的角度，要从工程会产生多大的投资利润空间这一指标（PIRR、EIRR）、向融资机构还款后收益还有多大程度的盈余这一指标（DSCR）等方面评价（表4-5-20）。

表4-5-20　PFI事业的常用指标（民间侧视角）

指标	内容
① PIRR	（Project Internal Rate of Return：工程 IRR） 投资额即资本金 + 贷款（全投资额），作为流动资金，不含有关融资的还款额，用自由流动资金测算 IRR。 投资额 = $\sum$ [n 年后的流动资金 / $(1+R)^n$]　R：PIRR
② EIRR	（Equity Internal Rate of Return：分红 IRR） 判断纯粹以股票投资的投资事业用的指标。 作为投资额的资本金，流动资金作分红等使用。 资本金 = $\sum$ [n 年后的流动资金 / $(1+R)^n$]　R：EIRR
③短期贷款最高金额	根据是否发生资金危机（利用当期发生资金即通过"税后盈利 + 折旧费"，能否返还长期贷款等），发生资金危机时，所需短期贷款的最高额
④ DSCR	Debt Service Coverage Ratio：原利息返还补偿率 从融资机构角度看，是对需返还金额有多大程度的余地作核查的指标。 $DSCR$ = 返还前的流动资金 / 返还额

从公共事业角度，如果处于PFI场合，则从公共事业这个侧面能多大程度地削减成本，或提高功能这一指标（VFM：Value For Money）来评价。如没有 VFM 出现，那么，带有公共属性的这一事业作为 PFI 存在就没有价值了。在考虑该事业风险的基础上，双方指标能给予一定程度满足才有可能按 PFI 事业去创办。

4.6　为了实现富于魅力的地下空间利用

第4章的内容中，考虑今后社会资本整备时的环境变化用 4.1 作了描述后，又用 4.2 描述了地下利用基本概念和需要克服的难题，4.3 讲了政府的动向，4.4 又介绍了将来的地下工程。

与泡沫经济时期接连出现的大型工程构想相比，这些工程或许会被说成"小巧但没意思"。泡沫经济之后，土木工程领域也和其他行业一样引发各种反省，真知灼见与新思路层出不穷。处于这种情况，在考虑今后严酷的社会形势的基础上，才按关注度的高低集中作了前面的介绍。

4.5 以实现一个工程应具备的技术条件作为切入点，不局限于建筑技术，包括计划、设计、评估等观点都作了阐述。但是，单就技术层面上的讨论，就不仅土木工程了，如果人体工程学、社会工程学等相关的更广泛工程技术都囊括进来，实现起来还有很远的路要走。

今后利用地下空间时，所在地区居民的利害（不单经济性的，还包括健康、生活价值等心理方面）自不必说，从一个国家乃至全球角度，在考虑其经济性、环境、资源等问题的基础上推出一个构想，并得到社会性的认同更是尤为重要的一环。即使能得到社会性认同，事业者动机若没有一个正确定位，也不能作为一项事业存在。有时法制的整备确有必要，但毋庸置疑的是仅凭完备的法制并不能完成一项工程。

那么，靠什么，靠多大程度的完备才能实现有魅力的地下空间利用呢？对于这一问题，很难按要求给出详细的解答，但是，为了实现有魅力的地下空间利用应该必备哪些条件，下面就从超越技术层面的角度作一些提示。

4.6.1　对事业公平公正的评估

通过"选择加集中"把有限的财源、资源投入到更有价值的事业上，其重要程度如 4.2.1 中所作的说明。作为其间的评价手法，费用盈利分析和寿命周期成本的评估在 4.5.4 中已作过介绍，但是，对于并不存在的"完美评价"等毕竟需要有个事先认识过程。

这样讲的理由之一是价值观问题。价值观因人、因时代、因地域而异。为日本的经济发展作出巨大贡献、为全世界拓开了高速铁路可能性的东海道新干线，很少有人怀疑它的深远意义，可是，当初反对的声浪却占据压倒优势。

第二个理由是时间这一计时刻度上的问题，在 50 年或更长的时间刻度上充其量放到 30～50 年左右，再进一步通过从时间上缩短等，将其单纯化地进行评价是目前常见的方法，可是，现实中几百年前做过改道修整的河川直到现在，城市仍然处在对它为害的防范之中，这样的例子不胜枚举。

尽管如此，评价者自身还是明确认为有意义。不管怎样，奇怪的工程仍然在推进，很久以前决定的计划等不能再硬性实施，在尽可能地防止出现这种事态的同时，挑出比较担心的工程项目，不遗余力地从计划、设计方面努力，将其做成一个出色的项目，做到这一点就必须遵循一条共用而简单明了的途径，履行评估过程。

对地下这一概念的认识，刚一开始就让"巨额建设费用"先入为主了，常看到从最初的选项中就被排除的案例。在资本主义社会，成本注定是非常重要的评估要素，4.4.2 所介绍的"小田急线连续立体交叉被取消立项批准的诉讼"的例子不用看也知道，那不过是诸多因素之一。在变化的价值观中"现在什么是该需要的？"、"利用地下空间有哪些好处，哪些不足？"、"有多少弥补缺陷的技术是可以确立的？"等，要经常意识到这类问题，学会充分识别它们与评估的本质性问题的区别，在此基础上更积极向上地从事评估的姿态是必不可少的。

4.6.2　有关各方协调体制的组建与强化

过去的筑路与城建工作，是由行政部门作为一项公共事业，利用来自居民、企业的税收进行整备，描绘出一幅居民、企业是在为自己受惠做储备的美景。

基本思路是国家作决定，整备水准也由国家说了算，特殊规格是很难获准立项的，其结果呢，极端地讲那就是走到哪里都是相似的道路，每个街区都来自同一个模式。

这种构图未必能说它有什么不对，少子化、老龄化的发展，产业结构的变化等在这些社会形势的变化中，构图的创建越发困难了。处在这种情况下，以"从国家到地方"为关键字，各种权限开始向地方转移。在地方分权这股潮流中，出现了以地方为主体进行意思决定、财源调配的要求。

在地方分权中形成中心的是地区居民和地方企业，处于支持他们立场上的有地方政府、公路管理者及交通管理者等各方面的管理人员。他们抱有同一个利害点（赌金管理者）明确的目标，互相协调向着这个目标推进，其中，完成更好的公路、街道是必不可少的一环。

一般工程都要发生费用和盈利，而那些不用公正的费用支出即可获益的"蹭车者"，放在事业上他们很难再靠"蹭车"产生效益，无法取得成功。所以，地区居民、企业、各类管理者以及其他利害攸关者聚在一起形成协议会等，组建一个向前推进的母体形式，围绕"该公路、街道应该以何种形式存在，为此应该做些什么？"这类问题必须反复详细地进行讨论。企业有基于为股东负责的企业理论；个人有基于个人得利的个人理论；地方政府、各类管理者都有各自的理论，各有所求不尽相同。

彻底拆除这些藩篱实际上是不可能的，"致力于稍微削弱藩篱"的做法对于今后工程的成败，乃至区域价值的分割必将以此为主因。

4.6.3　资金调配、使用的新方案

目前，已成为地下空间利用中心的地铁、高速公路事业，正面临收入难以提高，膨胀的资产维护管理上的难题，面对如何拓展新的事业范围难免让人犹豫再三。城市里自不必说，地方上为应对少子化、老龄化问题也出现了很多交通网整备方面的需求。说起来交通设施属于公共财产，出于公益性的整备工程提供近乎无偿的费用想必是理所当然的事情，可是在日本根本不可能，原则上由受益者负担，历史上就一向重视独立核算。人口增长、经济发展的时代更需要充分发挥这一纲要的功能。

小贴士 -19

官民协同型城建的推进
——汐留地区的二次开发工程（汐留新城）

人气很高的新都市据点汐留新城选址于原汐留货运站旧址至滨松町站之间的 31hm² 及大片空地，是一项包括 11 个街区的集合体开发工程。作为土地区划整顿工作的组成部分，旨在整备城市基础设施，开创办公、商贸、文化、居住等汇聚一处的复合性城市。东京都政府与民间结为一体联手开发，建成后就业人口 6.1 万人，常住人口 6000 人，是国内最大的二次开发工程。

二次开发的特征在于"官民协同型街区建设"。1995 年，以中心区各街道土地所有者、租借地的所有人为主设立了"汐留地区街区建设协议会"，成员中包括东京都和港区的特约会员。协议会围绕把该地区建设成"放心、安全、滋润的街区"这一目标，与友邻地区携手启动了这项工程。

以此协议会为中介，各街区的开发事业者联合行动，整备街道、地下通道、步行者专用街道等环境基础设施，在行政方面的积极配合下推进街区建设。竣工后的维护管理在事业主们的主导下进行，拥有一个统一感的宽裕环境，成功尝试了"可持续发展街区"的建设过程。像这样采用软硬件双管齐下的城市二次开发手法，"汐留新城"给出了如下城市开发新模式。

· 作为城市开发可期待的伙伴，官民结成一体创建综合都市环境。

· 这里诞生的宽裕街区为了面向未来持续发展，推行以本地为中心的维护管理产业。

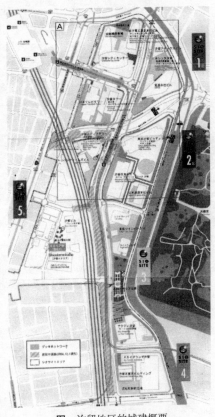

图　汐留地区的城建概要
（汐留地区街道建设协议会提供）

　　但是，在不敢奢望人口增长、经济迅猛发展的将来，初期投资巨大的地下空间利用工程由单一的事业主体担纲这种可能性十分有限。即便能作为公共事业去启动，可财源无着落，仍不失为空谈。所以，官方的需求与占有，地区的需求与占有，乃至关联各种领域的民间需求与占有，推进建立在这些背景上的事业是唯一出路。

　　过去欧美国家也和日本面临一样的财政危机，但都安全地化解了危机，重新恢复了增长势头。这期间由于他们大量引入新的资金调配、使用方案，其中以英国对 PFI 的灵活应用尤为突出，其他一些方案见表 4-6-1 所列。

　　虽说财政形势严酷，可若没有面向将来的必要投资，又如何指望一个光明的未来？为此，有必要积极研讨一种新的资金调配、使用方案。

表 4-6-1　有关资金调配、使用新方案举例

名称（通称）	概　要
PPP： Public Private Partnership	由 PFI 衍生出来的概念，包含 PFI、民间委托、民营化等意思。 在"民间能办到的就委托给民间"这一大前提之下，"公共服务由公共事业直接提供"这一传统结构要转向"公共服务也要推到市场竞争中去"这种结构。公共服务业向民间开放还有相当多的难题有待解决，但是，在纾解财政负担，充分利用民间资金、能力，用于社会资本整备及公共服务却值得期待
TIF： Tax Increment Financing	美国从上世纪 70 年代急速发展起来的开发事业是确保其财源的方式之一。当时的美国与今天的日本情况非常相似，这一点很引人注目。 具体来看比如，以增税部分为公共事业原资这项制度，一般市镇的二次开放事业等，地方政府从整备后的市区收取的固定资产税，以前都是纳入一般性财源，而 TIF 事业则大幅提升固定资产税的额度，增收部分可作为事业原资使用。即把预计的增收部分先行发公债，用于事业的资金周转。发债者成了地方政府，从而降低事业者的事业风险，地方政府方面则只需注入不多的辅助金把事情圆满下来。这是它的长处
BID： Business Improvement District	对于商业环境与增进公益性的工程，由地方公共团体和本地企业合伙经营是一种新的事业方案。 事业者积极参与以环境为代表的街区建设计划，并负担初期投资及维护管理的增加部分等必要费用。事业计划如获得通过，地方公共团体以特别税等方式征收负担金，提供给 BID

小贴士 -20

以民间 NPO 为主的事业费负担方式
——BID（商务、改良、行政区）

为了实现繁华又安全、放心的舒适绿色街区，就要设法将那些处于各街道之间的共有空间亦即公共设施进行整备升级，竣工后还要作为地区整体继续管理运营下去。

前面提到的"汐留地区街道建设协议会"在更好地开展街区建设的反复讨论中，首先编制了"潮头公园"的街区概念，在此基础上制定了"安全放心滋润之街"这一街区建设方针。

以协议会为中心开展提案活动的结果，"汐留新城"用天然石铺步行道、高装饰性的路灯、适于举办各种活动的 40m 宽地下通道和数十种高低不等的树木等，环境设计完成得比以往靠行政主导的整备方式更上档次。

但是，升级部分的维护费用是不能使用税金的，对确保这部分资金的方法也一并作了研究，这种体制安排参考的是集中了世界目光、由北美实施的"BID（商务、改良、行政区）"。

为了把一个地区作为好街区保持下去，事业者（居民）积极参与以环境计划为代表的街区建设，启动成本、维护费用的增加部分等必要费用事业者方面也要负担，以事业者为主体设立的非营利活动法人作窗口，与行政方面协同开展街区建设，这就是 BID。

从"危险街"到"安全街"完成这一大转变，成为新生纽约主角的是 BID，通过民间（居民）的主导，进行听取居民呼声的街区建设催生了新纽约，纽约的时报广场 BID、纽约中央车站 BID 等，总共有 40 多处 BID，通过相互竞争产生变革的动力。

不同的州也有时称其为 DID（小商业区、改良、行政区），但形式上都属于民间 NPO（非营利组织），有行使基于地区计划制定的特别税的权限，成为联邦政府补助金的接收窗口等，具有准行政机关的属性。2003 年包括当时加拿大在内北美的 BID 活动超过 1000 处。

"汐留地区街道建设协议会"参考这些系统，随着事业者对本地环境规划的参与，过去委托给行政方面的公共设施维护经费已改由本地的事业者负担了。

4.6.4　社会性认同的形成

迄今为止公共事业的开展都是由行政主导。行政制订计划后，以"这计划还可以吧？"向居民征询意见的这种"协议型"占主流。其结果是行政与居民、地区与地区之间利害对立、产生不信任感，交通基础设施的用地也遭到当地的反对，因此无法进展的例子时有发生。

这种状况中最初引人注目的是 PI（公开改良）手法。PI 就是通过在计划制定上反映出市民的意见、需求，征得官民双方认可，面对更好的方向这样一种居民参加型的计划方法。本地居民要求的信息提供状况是"安静的、多数的"意见怎样表达，对话取得的成果怎样在事业上反映出来，需要形成协议的资源应该以什么方式等，在 PI 所组成的各个阶段虽然都有需要解决的问题点，但是，以对话为主的 PI 手法对事业计划有很大的影响，今后开展大规模公共事业时必将发挥重要作用。

原以为 PI 法是最近引入的新的计划手法，实际上，日本国内40 多年前就实施了"居民主体建设街区"这一形式，算不上新概念，手法也不新。但是冠以"PI"两个字母出现，与以往不同的地区建设、开展公共事业的方式就更明确了。PI 的目的不是一听到居民的意见，行政部门就决定方针，而是把各种意见综合到一起，拿出一个所有关系者都能认可的答复才是 PI 的目的。这就要求行政方面必须信息公开，从一开始就把容易理解的资料毫不含糊地作出说明，提供全部信息是前提，在这层意义上行政方面负有作好说明的责任。

目前日本的 PI 给人感觉是在一项得到本地居民理解的计划中，要把怎样去实现列为重点，可是，对于确有需要的一项事业怎样高效率地作计划，就要靠行政和居民集中智慧，开动脑筋，这才是PI 的宗旨。不同的场合应该给出"做不来"、"不愿做"的不同选项。另外，以 PI 方式议论事业评估时提到了工期拖延的费用问题，对于因居民反对造成的延误以及因交工推迟带来的损失，行政和居民都形成了统一认识。这样一来，与公共事业相关的居民，在每人都意识到自身责任与风险的基础上，通过对事业的评估才能创办好一项真正的公共事业。

再怎么好的事业若不能被本地居民接受也创办不起来，技术人员不能守着专业固步自封，要切实履行自身责任义务，如何促成更多人的同感等是头脑中需要常备的意识。

4.6.5 结束语——为了实现富于魅力的地下空间利用

具体去实现一项工程的人叫项目管理者（PM）。项目管理者从作计划（plan）、实施（do）到管理（check）直至目标完成（action）有一系列程序。国土交通省于2004年度在公共事业中正式引入了项目管理者制度，可是，有多少人能真正理解它的宗旨还是个疑问。

此前，订货方、施工方等确实都从各自立场出发设有自己的项目管理者，但是，处于地下空间利用的场合往往多属大型工程，需要考虑地下特性的课题、与事业有利害关系者也很多。而且，以施工条件带有很多不确定因素的地下为对象，还存在成本变动、发生事故等风险。所以，今后的工程项目要借鉴以往的案例，事业方案、事业评估，取得认可及风险管理等这些新的事项是必不可少的。

有关地下空间利用事业的发展，还留有很多难题。为了实现对富于魅力的地下空间的利用，从事这一领域的技术人员不能局限在自己的专业里，应该开阔视野，追求新知识，从新的创意中寻求如何创造出新的价值。地下的"可用空间"远不止于眼前所见，实现富于魅力的地下空间利用是技术人员肩负的使命。

参 考 文 献

- 丹保憲仁（著者代表）：人口減少化の社会資本整備　拡大から縮小への処方箋、土木学会、2002.11
- 平成 15 年版国土交通白書
- 平成 17 年版国土交通白書
- 平成 18 年版高齢社会白書
- 平成 17 年版環境白書
- 平成 18 年版環境白書
- 財務省：日本の財政を考える、2006.9
- 国土の未来研究会・森地茂（編著）：国土の未来　アジアの時代における国土整備プラン、日本経済新聞社、2005.3
- 東京外かく環状道路（世田谷区宇奈根〜練馬区大泉町間）に関する環境影響評価方法書について
- 西垣誠：環境計画、これからの都市の地下利用、土木学会誌、Vol. 87、2002.8、pp. 29-31
- 社会資本整備重点計画法、法
- 社会資本整備重点計画、平成 15 年 10 月 10 日閣議決定
- 国土交通省国土計画局：「国土の総合的点検」（概要）（案）、国土審議会調査改革部会報告
- 都市再生特別措置法、法
- 地域再生法、法
- 地域再生のために―地域が主役―、内閣府パンフレット
- 大深度地下の公共的使用に関する特別措置法、法
- 国土庁：大深度地下使用技術指針（案）・同解説
- 国土交通省：大深度地下利用に関する技術開発ビジョン、2003.1
- 国土庁：大深度地下マップ・同解説、2000.11
- 国土交通省：大深度地下の公共的使用における安全の確保に係わる指針、2004.2
- 国土交通省：大深度地下の公共的使用における環境の保全に係わる指針、2004.2
- 国土交通省：大深度地下地盤調査マニュアル、2004.2
- 国土交通省：大深度地下の公共的使用におけるバリアフリー化の推進・アメニティーの向上に関する指針、2005.7
- （社）日本プロジェクト産業協議会：大都市新生プロジェクトの実現に向けて　―地下を利用した大都市新生プロジェクト提案集、2000.12
- 家田仁：大深度地下　使える空間なのか？そしてその利用調整は？、これからの都市の地下利用、土木学会誌、Vol. 87、2002.8、pp. 26-29
- 浅田光行：道路計画、これからの都市の地下利用、土木学会誌、Vol. 87、2002.8、pp. 15-18
- （社）日本プロジェクト産業協議会（JAPIC）大都市新生プロジェクト研究会：高速道路と都市の機能向上を目指した方策の検討―首都圏高速道路ネットワーク整備試案―、2004.5

- (社)日本プロジェクト産業協議会（JAPIC）大都市新生プロジェクト研究会：「国際都市東京」新生に向けた機能強化方策の検討—首都圏空港連携高速鉄道（成田〜東京〜羽田）の試案—、2004.5
- 森麟、小泉淳（編著）：東京の大深度地下〔土木編〕具体的提案と技術的検討、早稲田大学理工総研シリーズ 11、1999.2
- (財)エンジニアリング振興協会：山岳地下式清掃工場システムに関する調査研究報告書、1997.3
- (財)エンジニアリング振興協会 地下開発利用研究センター：「外郭にスパイラルトンネルがあるドーム状空間に関する調査研究報告書」—高度な管理を要する産業施設等の地下空間への導入に関する検討—、2002.3
- 日本橋川に空を取り戻す会：日本橋地域から始まる新たな街づくりにむけて（提言）、2006.9
- 例えば、水谷、清水、木村：トンネル構造物のライフ・サイクル・デザイン手法の構築（1）、土木学会第 58 回年次学術講演会、VI部門、2003.9
- 土木学会：トンネルの限界状態設計法の適用、トンネルライブラリー 11、2001
- 土木学会：山岳トンネル覆工の現状と対策、トンネルライブラリー 12、2002
- 国土交通省：土木・建築にかかる設計の基本、2002.10
- Ton Siemes, Ton Vrouwenvelder：Durability and survice life design of concrete structures, Pre-proceedings of the Workshop Measuring and Predicting the Behaviour of Tunnels, TU Delft, 2002.10
- INTERNATIONAL STANDARD ISO 2394：General principles on reliability for structures, 1998.6
  土木学会構造工学委員会 構造設計国際標準研究小委員会・荷重 WG：土木構造物荷重指針作成に向けて—枠組みとガイドライン—、2000.6
- (財)道路新産業開発機構：ITS HANDBOOK JAPAN 2002-2003
- 西垣誠：環境計画これからの都市の地下利用、土木学会誌、Vol. 87、2002.8、pp. 29-31
- 地下空間研究委員会計画小委員会報告書、土木学会地下空間研究委員会計画小委員会、2002.3
- 警察庁、通産省、運輸省、郵政省、建設省：高度道路交通システム（ITS）に係るシステムアーキテクチャ
- スマートウェイパートナー会議次世代インフラ検討部会：地下道路への ITS 導入方策、2002
- 国土交通省鉄道局（監修）：鉄道プロジェクトの評価手法マニュアル 2005、(財)運輸政策研究機構
- 亀村勝美：地下構造物の維持管理これからの都市の地下利用、土木学会誌、Vol. 87、2002.8、pp. 32-35
- 日本版 PFI 研究会（編著）：日本版 PFI のガイドライン
- 西野文雄監修：日本版 PFI、山海堂、2001.3
- 国土交通省鉄道局（監修）：鉄道プロジェクトの評価手法マニュアル 2005、(財)運輸政策研究機構

编辑委员长简历

小泉　淳（KOIZUMI ATSUSHI）

1979 年　早稻田大学大学院理工研究科博士毕业

1980 年　东洋大学工学部专职讲师

1985 年　同大学副教授

1992 年　早稻田大学理工学部教授

现在，早稻田大学理工学术院　创造理工学部教授，工学博士（早大）

干事简历

木村定雄（KIMURA SADAO）

1984 年　东洋大学工学研究科博士前期毕业

同年　供职于佐藤工业

1999 年　东洋大学工学部兼职客座讲师

2001 年　金泽工业大学工学部土木工学科副教授

2007 年　同大学　环境、建筑学部环境土木工学科教授

现在，金泽工业大学环境、建筑学部教授，区域防灾环境科学研究所，博士（工学），技师（建筑部门）

委员简历（日语发音序）

岩波　基（IWANAMI MOTOI）

1987 年　早稻田大学大学院理工研究科博士前期毕业

同年　供职于（株）熊谷组

2006 年　长冈工业高等专科学校副教授

现在，长冈工业高等专科学校　环境城市工学科教授，博士（工学）

龟村胜美（KAMEMURA KATSUMI）

1974 年　早稻田大学大学院理工研究科硕士课程毕业

同年　供职于大成建设（株）

2009 年　加入财团法人　深田地质研究所

现在，财团法人　深田地质研究所　理事，工学博士（早大）

清水幸范（SHIMIZU YUKINORI）

1998 年　早稻田大学大学院理工研究科硕士课程毕业

同年　供职于佐藤工业（株）

2002 年　供职于太平洋咨询（株）

现在，太平洋咨询（株）交通技术本部、铁道部、地下结构组科长助理、技师（建筑部门）

高森贞彦（TAKAMORI SADAHIKO）

1969 年　东京都立大学工学部土木工学科毕业

同年　供职于前田建设工业（株）

2005 年　供职于富士见咨询（株）

现在，富士见咨询（株）顾问，技师（建筑部门）

田中　正（TANAKA TADASHI）

1988 年　东京大学大学院理工学系研究科硕士课程毕业

同年　供职于（株）间组

1999 年　名古屋大学大学院助手

现在，自由职业，博士（工学）

田村　仁（TAMURA HITOSHI）

1984 年　中央大学大学院理工学研究科硕士课程毕业

同年　供职于（株）UNIQUE

1987 年　供职于太平洋咨询（株）

现在，太平洋咨询（株）交通技术本部　铁道部　技术次长、技师（建筑部门）

野田贤治（NODA KENJI）

1982 年　东京工业大学工学部土木工学科毕业

同年　供职于前田建设工业（株）

原　前田建设工业（株）土木本部　土木技术部　盾构组副部长、技师（建筑部门）

村山秀幸（MURAYAMA HIDEYUKI）

1987 年　早稻田大学大学院理工研究科资源工学专业毕业

同年　供职于藤田工业（株）（现（株）藤田）

现在，（株）藤田技术中心　基础技术研究部　首席研究员

博士（工学），技师（综合技术监理部门，应用理学部门）

山崎智雄（YAMASAKI TOMOO）

1989 年　东京大学工学部土木工学科毕业

同年　供职于（株）间组

2007 年　供职于（株）EX 城市研究所

现在，（株）EX 城市研究所　环境顾问部　新事业开创组经理　兼　经营企划室经营企划担当，技师（综合技术监理部门，建筑部门）

世一英俊（YOICHI HIDETOSHI）

1975 年　京都大学工学研究科硕士课程毕业

同年　供职于（株）间组

现在，（株）间组　董事执行官技术环境本部长　兼技术研究所所长、技师（建筑部门）

渡边　彻（WATANABE TOORU）

1971 年　法政大学工学部土木工学科毕业

同年　供职于西松建设（株）

2007 年　供职于财团法人　国土技术研究中心

现在，财团法人　国土技术研究中心技术·调配政策组技术参事、技师（综合技术监理部门，建筑部门）

256